数学書房選書 2

背 理 法

桂 利行・栗原将人・堤 誉志雄・深谷賢治 著

桂 利行・栗原将人・堤 誉志雄・深谷賢治 編集

数学書房

編集

桂 利行
法政大学

栗原将人
慶應義塾大学

堤 誉志雄
京都大学

深谷賢治
京都大学

選書刊行にあたって

　数学は体系的な学問である．基礎から最先端まで論理的に順を追って組み立てられていて，順序正しくゆっくり学んでいけば，自然に理解できるようになっている反面，途中をとばしていきなり先を学ぼうとしても，多くの場合，どこかで分からなくなって進めなくなる．バラバラの知識・話題の寄せ集めでは，数学を学ぶことは決してできない．数学の本，特に教科書のたぐいは，この数学の体系的な性格を反映していて，がっちりと一歩一歩進むよう書かれている．

　一方，現在研究されている数学，あるいは，過去においても，それぞれそのときに研究されていた数学は，一本道でできあがってきたわけではない．大学の数学科の図書室に行くと，膨大な数の数学の本がおいてあるが，書いてあることはどれも異なっている．その膨大な数学の内容の中から，100 年後の教科書に載るようになることはほんの一部である．教科書に載るような，次のステップのための必須の事柄ではないけれど，十分面白く，意味深い数学の話題はいっぱいあって，それぞれが魅力的な世界を作っている．

　数学を勉強するには，必要最低限のことを能率よく勉強するだけでなく，時には，個性に富んだトピックにもふれて，数学の多様性を感じるのも大切なのではないだろうか．

　このシリーズでは，それぞれが独立して読めるまとまった話題で，高校生の知識でも十分理解できるものについての解説が収められている．書いてあるのは数学だから，自分で考えないで，気楽に読めるというわけではないが，これが分からなければ先には一歩も進めない，というようなものでもない．

　読者が一緒に楽しんでいただければ，編集委員である私たちも大変うれしい．

2008 年 9 月

編者

まえがき

　20 世紀初頭に解析数論で活躍した G.H. ハーディーには『ある数学者の生涯と弁明』という有名な随想がある[1]．その中で本物の数学とは何かということを説明する必要に迫られる場面がある．そして「どの数学者も第一級品として認めるような本物の数学の定理 (であって一般の人にも証明をこめてわかってもらえるもの) の例」として「素数が無限個あること」と「$\sqrt{2}$ が無理数であること」の二つをあげるのである．われわれは今
　　i) このどちらの定理も背理法を使って証明される；
　　ii) このどちらの定理も昔は高校でも多く教えられていたが，いまでは教えないことも多く，大学生でもこの二つの証明を知らない学生もいる；
ということに注目したい．
　実際，中学や高校の教科書の内容が薄くなって，論理や論証にかける時間も少なくなっている．大学に入ってくる最近の学生は数学的論理が弱くなっていると大学教員の間でも話題になることが多い．それでも数学的帰納法や背理法は数学に不可欠だから，さまざまな場面で必ず登場してつまずきの石となることもあるようだ．
　数学的論理展開につまずいている学生のレベルはいろいろであって，つまずく場所も実にさまざまである．「すべての x に対して $F(x)$ が成立する」ということの否定は「ある x で $F(x)$ をみたさないものがある」であるがこのような基本的な述語論理が本当には分かっていない人もいれば，数学的センスが良すぎて既定の説明に満足できない人までいる (後者の場合，今までの筆者の経験では，大概の人は自分のセンスの良さに気づいていない)．

---

[1] G.H. ハーディ/C.P. スノー著『ある数学者の生涯と弁明』柳生孝昭訳，シュプリンガー・フェアラーク東京．

以上のような状況をふまえて，この数学書房選書の編者たちで，背理法を題材にして一冊の本を作ろうということになった．この本はまた，背理法というものを習って，背理法という耳慣れない言葉に興味を持った人達や，背理法でどのようなことができるのか，その方法自体に興味を持った人達を対象にしている．興味の対象はさまざまだろうということを考えて，あえて統一的な本の形態はとらず 4 つの記事をそのまま集めた形で編集することにした (しかしながら，どれもこの本のための書き下ろしの原稿である)．すべて独立の記事であるから，独立に読むことができる．自分にとって興味のある場所から読み始めてもよい．また一つの場所がわからないときには他の記事に移ってもよい．自由に読んでほしいと思っている．

　最初の「論理の中の背理法」(担当：桂) では論理を展開する様々な方法を紹介する．背理法をはじめとするこれらの論法を有効に用いることにより数学の理論が構築され問題が解決される．前半はどの部分も独立して読めるよう配慮して広く論法を取り上げ後半にはそれらをもちいた論理展開の例として初等整数論におけるいくつかの興味深い話題の解説を与えた．話題は豊富なのでおもしろい部分があれば，参考文献などを用いてその点をさらに深く学んでいただきたい．

　次の「無理数と初等幾何」(担当：栗原) は $\sqrt{2}$ の無理性という背理法の典型から始まる．無理性の概念は，通約不能性という概念でギリシア時代にはとらえられていた．この稿では $\sqrt{2}$ の通約不能性の初等幾何的証明や，角の 3 等分が定規とコンパスでは作図できないことの証明が述べられている．角の 3 等分が不可能であることの証明の構造は，実は $\sqrt{2}$ が無理数であることの証明と驚くほど似ているのである．たとえば正 9 角形は定規とコンパスで作図できないが正 17 角形は作図可能である．このことのきちんとした証明も述べておいた．

　3 番目の「背理法と対角線論法」(担当：深谷) ではこれも背理法の典型例である対角線論法を扱う．対角線論法は集合論の創始者カントルが発明したもので実数全体の集合は自然数全体の集合と 1 対 1 対応がつかないということがそこから導かれる結論である．カントルの考えをさらに深めていくとでたらめに小数を書いたときにその小数が超越数 (どんな整数係数の多項式の解にもな

らない数) になる確率は 1 であるという一見驚くべきことが証明される．無限個の事象が関わる確率であるので確率は 1 であるということの意味を明確にする必要があるがそれを含めて解説している．

最後の「応用数学に現れる背理法」(担当：堤) は微分積分をある程度知っている読者が対象である．応用数学でも背理法が有効であることが，二つの例と共に解説されている．最初の例では，微分方程式が特異性のある解を持つことを証明するために，どのように背理法が用いられるのかを考える．二つ目の例では，ある地方で雨が降る間隔が昔より長くなったといういくつかの観測データが得られているとき，それらから統計学的に何が結論されるか，ということが背理法との関係で論じられている．このような実生活に関連する内容を含んでいるので，興味のある読者も多いだろう．

この数学書房選書のポリシーのひとつとして，数学読み物ではなく，(すべてとは行かなくても中心テーマについては) 自己充足的な証明をつけることがある．特に今回は証明の手段である背理法がテーマだから，この本にはたくさんの証明が書かれている．読者によっては，時間をかけて読まないと読み進められない部分もあるかもしれない．でも数学の本とはそのようなものだと思って，ゆっくりでもよいので読み進んで行ってほしい．そして，そんなふうに時間をかけて考えることによって，少しでも何かがわかり楽しんでもらえたなら，われわれがこの本を書いた目標は十分に達成されたと言えるだろうと考えている．

2011 年 12 月

桂　利行
栗原将人
堤　誉志雄
深谷賢治

目 次

選書刊行にあたって i

まえがき iii

論理の中の背理法　　　　　　　　　　　　　　　　　　　　桂 利行　1

§1　いろいろな論理 1
　　1. 論理の基礎 1
　　2. 逆理 8
　　3. 鳩小屋の原理 13
§2　初等整数論における論理 21
　　1. ユークリッドの互除法 21
　　2. 完全数とメルセンヌ素数 25
　　3. フェルマーの小定理 32
　　4. 因数分解の論理 36
参考文献 40

無理数と初等幾何 — 通約可能性，作図可能性をめぐって —　　栗原将人　41

§0　はじめに 41
§1　$\sqrt{2}$ が無理数であること 43
　　1.1. 無理数であるということ 43
　　1.2. $\sqrt{2}$ の無理性の証明 43
§2　通約不能な数 45
　　2.1. 正方形の対角線は鉛筆で書けるか 45
　　2.2. 通約可能性 47

2.3.	$\sqrt{2}$ が無理数であることの初等幾何的証明	48
2.4.	$\sqrt{3}$ と 1 が通約不能であることの初等幾何的証明	51
§3	角の3等分の不可能性	53
3.1.	作図可能数	54
3.2.	体	60
3.3.	体の次元	63
3.4.	不可能性	66
§4	正17角形の作図	69
4.1.	根の間の置換	69
4.2.	中間の体 K_2	71
4.3.	中間の体 K_1	73
参考文献		77

背理法と対角線論法　　　深谷賢治　78

§1	背理法と存在証明	78
§2	円積問題と超越数	80
§3	対角線論法	81
§4	可算集合	84
§5	背理法と対角線論法	90
§6	全射と全単射	91
§7	超越数になる確率	94
§8	2進法と2進小数	96
§9	長さと確率	101
§10	超越数になる確率：続き	106
§11	集合・測度・確率	108
参考文献		110

応用数学に現れる背理法　　　堤 誉志雄　111

§1	微分方程式の解の爆発と背理法	112
§2	統計的仮説検定に現れる背理法	118

§3 付録	124
参考文献	126

索引　127

論理の中の背理法

桂 利行

　数学は論理の学問である．論理展開をすることによって新しい結果を導き出す．そこでは，演繹法，帰納法，背理法などの様々な論法が用いられる．本書のタイトルである背理法は，命題の結論をまず否定し，矛盾を導くことによって命題が正しいことを結論づける論法であり，古代ギリシャからの長い歴史を持っている．ここでは，第 1 節で背理法を含む様々な論理展開の方法を解説する．第 2 節では，初等整数論においてそれらの論理がどのように用いられるかを完全数や因数分解を題材にして述べる．初等整数論は興味深い論理にみちており，その面白さが伝われば幸いである．

§1　いろいろな論理

1. 論理の基礎

　正しいか正しくないかを判断することができる文章または式を**命題**という．たとえば

(1)　$5 > 1$
(2)　$1 = 0$
(3)　ある整数が 2 で割り切れれば，その整数を自乗すれば 4 で割り切れる

などはすべて命題である．命題 (1), (3) は正しく，(2) は正しくない．命題が正しい場合には**真**であるといい，正しくない場合には**偽**であるという．命題 (3) において，「ある整数が 2 で割り切れれば」は仮定であり，「その整数を自乗

すれば 4 で割り切れる」は結論である．

ある命題が与えられたとき，その命題の否定を作ることができる．たとえば，命題 (1) に対し

(1)′ $5 \leq 1$

は命題 (1) の否定であり，偽の命題となる．このように

命題「p」

があるとき，

「p でない」

も命題であり，これを命題「p」の**否定**というのである．また，

・命題「q ならば p」をもとの命題の**逆**，
・命題「p でないならば q でない」をもとの命題の**裏**，
・命題「q でないならば p でない」をもとの命題の**対偶**

という．命題が真であるなら，その命題の対偶は真である．しかし，もとの命題が真であってもその命題の逆や裏は必ずしも真ではない．

真の命題「p ならば q」の対偶「q でないならば p でない」が真であることを示しておこう．

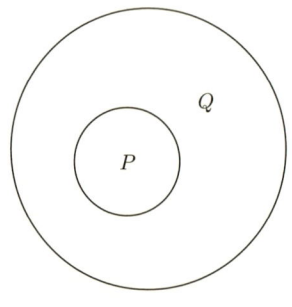

図 1　$P \subset Q$

pという性質をもつもの全体の集合をPとし，qという性質をもつもの全体の集合をQとする．「pならばq」が真であるということは集合として$P \subset Q$となっているということである．あるものがqという性質をもたないということは，それがQに入っていないということであり，あるものがpという性質をもたないということは，そのものがPに入っていないということである．集合として$P \subset Q$であるということは，Qに入っていなければもちろんPに入っておらず，対偶も真だということになる．

　それではここで，次のような命題の対偶を考えてみよう．

　しからないとご飯を食べない子供がいるとする．そうすると

　　　「しからないとご飯を食べない」

という命題は真である．したがって，その対偶は真のはずである．それでは単純に考えて

　　　「ご飯を食べるとしかる」

が対偶であろうか．対偶は真であるはずなのに，ご飯を食べているのにしかられるのはいかにもおかしい．どこが変なのであろうか (答えは最後の注1参照)．

　命題「pならばq」をそのまま順次論述して証明する方法を**演繹法**という．「pならばa，aならばb，bならばc，cならばq」，したがって「pならばq」というふうに論理を展開する論法である．「風が吹けば桶屋がもうかる」という有名な命題は，数学的に見て正しく論理が展開されているかどうかという点には疑問が残るが，演繹法の典型例である．

　演繹法の代表的な例に**三段論法**がある．「私は体が大きい．体が大きいとよく食べる．したがって私はよく食べる．」このように，「aならばb，bならばc，したがってaならばc」というふうに3段に論理を展開する論法である．

　演繹法とは違って，真な事例をいくつも示してその結果として命題を確立する論法がある．これを**帰納法**という．犬の手足は4本である，猫の手足は4本である，牛の手足は4本である，豚の手足は4本である，などなど．したがって，哺乳類の手足は4本である．このような論法である．

数学においては，どんな場合でもすべて成立するのでなければ，真ではなく，したがって，いくら例を積み重ねても，証明にはならない．一昨日は晴れだった．昨日も晴れだった．今日も晴れた．このように事実を積み重ねただけで，「したがって明日も晴れだ」というような推論は成立しない．

一方，**数学的帰納法**は帰納法の延長線上にあるが，数学的に厳密な論法である．それは次のようなものである．

自然数 n で番号づけられた命題を準備しておき，$n=1$ のときが真であることをまず示す．次に，n 番目までの命題が真として $n+1$ 番目の命題が正しいことを示す．そうすれば，1 番目から始まって，2 番目，3 番目と順に証明できたことになるから，番号づけられたすべての命題が正しいことになる．数学的帰納法のことを単に帰納法ということもある．

例をあげよう．

n を自然数として，1 から n までを加える公式

$$1+2+3+\cdots+n = \frac{n(n+1)}{2}$$

を証明してみよう．

証明 $n=1$ のときは両辺とも 1 で相等しい．n まで公式が正しいと仮定すれば，$n+1$ のときは

$$1+2+3+\cdots+n+(n+1) = \frac{n(n+1)}{2}+(n+1)$$
$$= \frac{(n+1)(n+2)}{2}$$

となる．ここにおいて，最初の等式には帰納法の仮定を用いた．したがって，数学的帰納法により証明が終わる． □

次に，奇数の和について考えてみよう．任意の奇数はある自然数 n を用いて $2n-1$ の形に表示することができる．奇数の和を与える次の式は興味深い．

$$1+3+5+\cdots+(2n-1) = n^2$$

つまり，1 から始めて奇数を足していけば，それらの和はすべて平方数になる

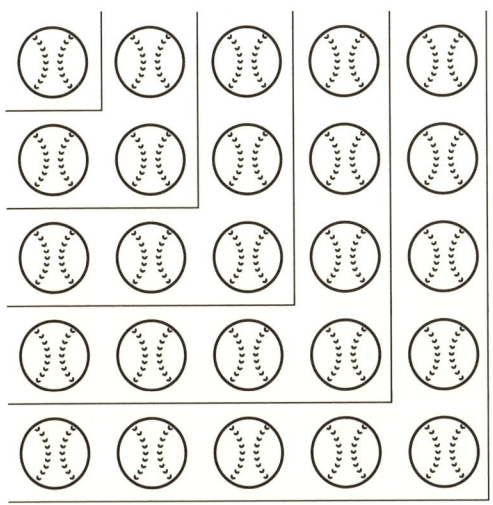

図2　$1+3+5+7+9=5^2$

のである．

証明　数学的帰納法で証明しよう．$1=1^2$ だから $n=1$ のときは成立する．n まで成り立つとして，$n+1$ のときを考えれば

$$1+3+5+\cdots+(2n-1)+(2n+1) = n^2+(2n+1)$$
$$= (n+1)^2$$

となり，$n+1$ のときにも公式が成り立つ．したがって，数学的帰納法により証明が終わる．　□

もう1つ平方の和を考えよう．n を自然数として

$$1^2+2^2+3^2+\cdots+n^2 = \frac{n(n+1)(2n+1)}{6}$$

が成り立つ．

証明　これも数学的帰納法で証明する．$1^2 = \dfrac{1\times(1+1)\times(2\times1+1)}{6}$ だか

ら，$n=1$ のときは成立している．n まで成り立っているとして $n+1$ のときは，

$$1^2 + 2^2 + 3^2 + \cdots + n^2 + (n+1)^2 = \frac{n(n+1)(2n+1)}{6} + (n+1)^2$$
$$= \frac{(n+1)(n+2)(2n+3)}{6}$$

だから，$n+1$ のときも公式が成り立っている．したがって，数学的帰納法により証明が終わる． □

ここで，数学的帰納法の誤った使用法を紹介する．

赤と白のガラス玉がそれぞれ大量にある．それを中が見えないつぼに一緒に入れる．この状態で，このつぼに手を入れていくつかガラス玉を取り出すとき，そのすべてが同じ赤になってしまうか，あるいはすべてが同じ白になってしまうか，のいずれかである．

数学的帰納法で「証明して」みよう（もちろん，そんなことはありえないから，以下の数学的帰納法の使用法のどこかに誤りが潜んでいるわけである）．

それでは，数学的帰納法で証明を始める．$n=1$ 個取り出したときは，1個しかないのであるからすべて赤か，すべて白のいずれかである．

n まで命題が正しいとする．つまり，「壺から n 個以下のガラス玉を取り出したとき，取り出したガラス玉は，すべて赤かすべて白か，のいずれかである」ということが証明されたと仮定する（この仮定のことを，**帰納法の仮定**，という）．

つぼから $n+1$ 個のガラス玉を取り出したとする．

そのうちの1個を見ないでつぼに仮に戻す．そうすると，取り出した玉は n 個だから，帰納法の仮定によって，n 個の玉はすべて赤かすべて白か，のいずれかである．

次に，さきほど，仮につぼにかえした1個を元に戻し，別の1個を仮につぼに戻す．そうすると，取り出した状態になっている玉は n 個になったから，帰納法の仮定が使えて，それらは，すべて赤かすべて白か，のいずれかである．

そこでさっき同じ色だった仮に返した1個をもとにもどしても同じ色のは

ずだから，結局，$n+1$ 個すべてが赤かすべてが白か，のどちらかである．以上から，数学的帰納法によって，取り出したガラス玉は，すべて赤かすべて白か，のいずれかである．

こんなことは起こりえないわけだから，論法のどこかがおかしいはずである．どこがおかしいか，考えてみてください．正解はこの章の最後の注 2 にある．

集合という言葉が数学ではよく使われる．集合とは，もののあつまりである．ただし，数学で集合というときには，ある要素がその中にはいっているかはいっていないかが常に明確になっていなければならない．そうでなければ常識外れのことが証明されてしまう．その一例を挙げてみよう．

数学的帰納法を用いて，すべての人の髪の毛が薄いことを,「証明」してみよう．

髪の毛の本数 n に関する帰納法で証明する．

まず，1 本も髪の毛がない人は髪の毛が薄いといってもよいだろう．つまり，スタートである $n=0$ のときは命題は成立する．

そこで髪の毛が n 本ある人の髪の毛が薄いと仮定しよう．髪の毛が薄い人に髪の毛が 1 本はえてもやはり髪の毛が薄いであろう．よって，髪の毛が $n+1$ 本ある人も髪の毛が薄いことになる．以上から数学的帰納法によって，髪の毛が何本あっても髪の毛は薄い．

なぜこのような常識に反する結論になったかというと，髪の毛が薄い人の集合というのがあいまいな概念で，いったい髪の毛が何本あれば薄くないのかということがきっちり決まらないからである．多少髪の毛が薄くなった人がいるとして，その人をその集合の中に入れればよいのかどうか，境目がはっきりしていないのである．すなわち，髪の毛が薄い人全体，というのは集合として決まらないのである．

背理法の歴史は古代ギリシャに遡る．ゼノン，ピタゴラス，アリストテレスなどが背理法を有効に用いたことはよく知られている．この論法は，命題の結論をまず否定し，矛盾を導いて命題が正しいと結論づける方法である．この推論が成立するためには，どんな命題も正しいか正しくないかのいずれかでなけ

ればならない，という大前提が必要である．この点に疑問を投げかけた数学者がいた．20 世紀前半に活躍した位相幾何学者ブラウアーである．彼は直観主義を唱え，無限個の事柄に対して一度に何かを主張している命題の場合には，このような二者択一が成り立つことは認めない立場をとった．つまり，無限が関わるような命題のばあい，正しいか正しくないかを決められないことがありうると主張した．彼は正しいか正しくないか決められない例として，円周率 π の少数表示において，連続 100 個 0 が続く部分があるという命題を提案し，この命題の真偽は判定できないとした．どの命題も真か偽のいずれかである，という二者択一を認めない立場からは，背理法は成立し得ない．背理法を捨てれば，無限を扱う数学における抽象的な存在定理などの重要な結果をあきらめねばならなくなる．

　ブラウアーに続いて出現した天才数学者であり物理学者であるワイルがこれに同調した．具体的に構成できる数学以外を認めない立場を取ったのである．彼の主張は，1900 年の国際数学者会議で 20 世紀に解決すべき 23 の問題を発表した数学界の大御所ヒルベルトとの意見の対立を見たが，ワイルは自説を曲げなかったという．このような難しい問題は残されているが，背理法は，現在では，高校生も使う有用な論法として流布しており，ほとんどの数学者は無限集合においても背理法を認める立場をとっている．後の節で，具体的な使用法に言及しよう．

2. 逆理

　どこにも欠陥がないと思えるにも関わらず，結果として矛盾が起きているような推論がある．そのような推論やそれを引き起こす言明を**逆理**という．

　「この壁に落書きするな」

と壁に落書きがしてある，というようなものも一種の逆理である．

　古くから知られているものとして

　「クレタ人は嘘つきだとクレタ人が言った」

という言明からも矛盾が引き起こされる．以下では，嘘つきはかならず嘘をつ

き，嘘をつかない人はぜったいに嘘をつかないという前提で議論をする．

もしクレタ人が嘘つきなら，クレタ人が言った言葉 (すなわち「クレタ人は嘘つきだ」という言葉) は嘘のはずであり，したがって，クレタ人は嘘つきではないということになる．

もしクレタ人が嘘つきでないなら，「クレタ人は嘘つきだ」という言葉はほんとうのはずなので，クレタ人は嘘つきということになる．

いずれにせよ矛盾が起きる．

自己矛盾に陥るコンピュータに関する有名な話をあげておこう．与えられた質問に Yes か No を回答するコンピュータがあり，

答えが Yes ときは赤の信号を，
答えが No のときは青の信号を

出力するとする．このコンピュータに

「あなたは青の信号を出力しますか」

という質問を入れてみる．

もしコンピュータが赤を出力すれば，質問へのコンピュータの答えは Yes である．しかし，出力は赤であるので，この答えは間違っている．

コンピュータが青を出力すれば，質問へのコンピュータの答えは No である．しかし，出力は青であるので，この答えは間違っている．

いずれもコンピュータの回答は間違っている．こんな質問をされたらコンピュータもさぞ困るであろう．

数学では，2 で割れる自然数全体，とか，2 等辺三角形全体，などのように，ある性質を持つもの全体を考えることをしばしばおこなう．

しかし，ある性質を持つもの全体を考えるときには注意が必要になる．その 1 つとして数学の基礎に関する**ラッセルの逆理**を説明しよう．

すでに述べたように，集合 X とは，なにがその要素であるかが明確になっているものである．したがって，集合 X は自分自身すなわち X を要素としているか，X を要素としていないかの，一方だけが成り立つはずである．

自分自身を含まない集合を第1種集合,
自分自身を含む集合を第2種集合

ということにする.

すると,どんな集合も第1種集合か第2種集合かのいずれかのはずである.第1種集合全体の集合を S とする.S が集合であるとすると,次のようにして,矛盾が起きる.

S が集合であるとすると,S は第1種集合であるか第2種集合であるかどちらかである.

もし S が第1種集合であれば,S は S に含まれていることになるから第2種集合となって矛盾である.

もし S が第2種集合であれば S は S を含んでいないことになり,したがって第1種集合となって矛盾である.

いずれにせよ,矛盾に陥る.

このようなことが起きるのは,上の S を集合であるとしたことが原因である.しかし,ある集合が S の要素であるかどうかは,はっきり定まっている.じつは,何が要素になっているかがはっきり定まっていても,上の S やあるいは集合全体の集まりなどを,集合と考えると,矛盾が起きる.すなわち,数学の理論において集合全体の集合を考えることはできない.

本来の逆理とは異なるが,無限を扱うことにより常識とは異なることが起こったときも,逆理とよばれる.

昔,キリストが生まれる直前に,ヨゼフとマリアがベツレヘムに旅し,宿をとろうとしたが,部屋が満員でうまやに泊まった,という有名な逸話がある.このとき,ホテルに部屋が無限にあったらどうだっただろうか.つまり,ホテルの部屋に1号室,2号室と自然数で番号が付けられていて,どこまでも番号付けられた部屋が続くとするとどうであろうか[1].

このようなホテルを,ヒルベルトに従って無限ホテルとよぶことにしよう.無限ホテルは盛況で本日満員とする.すなわち,どの部屋にもすべて宿泊客が

---

[1] このように,番号付けられる無限を**可算無限**という.

はいっているとする．そのとき，1 組のカップルが宿を求めて来たとしよう．それでも，無限ホテルでは部屋がないといって断る必要はないのである．急遽，1 号室の宿泊者に 2 号室に移ってもらい，2 号室の宿泊者に 3 号室に移ってもらい，さらに一般に n 号室の宿泊者に $n+1$ 号室に移ってもらう．すると，1 号室があく．そこで新しい客に 1 号室に泊まってもらえばよいのである．

まさに無限の魔術である．

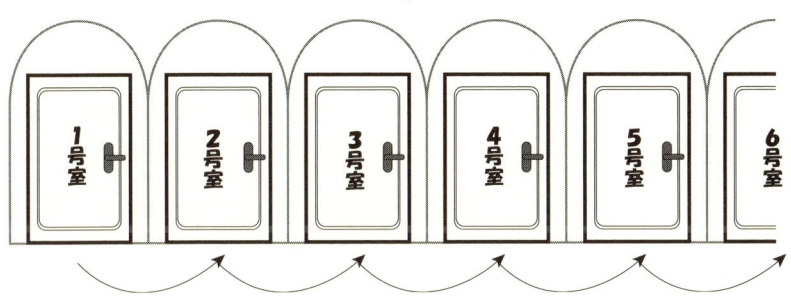

図 3　無限ホテル

もう 1 つ例を挙げよう．雇い主が労働者を使って仕事をするという状況を考える．雇い主が 2 つ仕事を渡して労働者が 2 つ仕事をする，ということを無限に繰り返すとする．労働者は渡された仕事を最終的には全部こなすということが課せられたノルマである．

あるとき，この労働者は 2 つもらった仕事を 1 つしかせず，次の仕事が来たら残った次の仕事を 1 つする，というように少しさぼることにした．つまり，仕事に 1, 2, 3, 4, ⋯ というふうに順に番号を振っていくとき，仕事は 2 つずつ来るから，n 番目のステップでは $2n-1$ と $2n$ の仕事が労働者に渡される．これに対して労働者は仕事が来るごとに 1 ずつ仕事をこなしていく．つまり n 番目のステップでは n 番目の仕事をするのである．

これを見た雇い主は「仕事が終わらないではないか」と労働者にクレームをつけた．すると労働者は「そんなことはない．無限に繰り返すうちにはすべて済んでいる．嘘だと思ったら，無限に仕事をした後に残っている仕事をあげて

ください」と言い返した.

労働者のした背理法による証明は次の通りである.無限に繰り返した後でも,残っている仕事があるとする.それが,ある m についての,m 番目の仕事であるとしよう.しかし,m 番目の仕事は労働者が m 番目のステップのときにしたはずであるから,これが残っているというのは,矛盾である.

これも無限の魔術である.

このような無限の先送りの原理はいくらでも考えられる.

退職金が払えなくなった会社があるとしよう.そのとき,従業員の停年を 1 年のばす.そうすると,その年は退職金を払う必要がなくそれは翌年払うことになる.翌年退職する予定だった人には翌々年に払うことになり,順に 1 年先送りになる.無限の時間で考えてよいのであれば,このようにしてとりあえずその年は退職金を払わなくて済んでしまうのである.

しかし,このような支払い先送りの方法には現実の壁があってかならず障害が発生し,現実社会ではうまくいくはずはないのである.

無限の魔術をもう 1 つ補足しておこう.勝てば賭けたお金の 2^{10} 倍がもらえる賭けを考える.1 回の賭けで勝つ確率は 0 ではないが大変低いとする.たとえば,宝くじはこの種類の賭けである.

めったに勝てないと思われるこの賭けでも,無限に資金があれば必ず勝てる.このことを示してみよう.

まず,金額 a 円を賭ける.勝てばそれでかけはやめる.

負ければその 2 倍すなわち $2a$ 円を賭ける.ここで,勝てば,それでやめる.2 回目も負ければそのまた 2 倍 $4a$ 円を賭ける.

このように,負けるごとに 2 倍に賭け金を増やして行く.無限にお金があれば,これをいくらでも続けていくことが可能である.このようにすれば,確率的にいつかは勝つ.

最初の賭け金を a 円として,ちょうど n 回目にはじめて勝ったときの儲けは,
$$\{2^{10}(a \times 2^{n-1}) - a \times (1 + 2 + \cdots + 2^{n-2} + 2^{n-1})\}$$
$$= \{2^{n-1+10}a - (2^n - 1)a\}$$

$$= (2^{n+9} - 2^n + 1)a$$
$$= (511 \times 2^n + 1)a \quad (円)$$

となる．かなりの儲けである．これを繰り返せばどんどん儲かっていくはずである．勝つ確率が低くても，勝つ確率が 0 でない限り儲かっていく．

しかし，勝つ確率が低ければ低いほど，勝つまでに，賭けなければならない回数がとてつもなく増え，それにともなってかかる費用が莫大になるから，ふつうは儲かるまでに破産してしまう．

つまり，このような話は無限の資金があるというあり得ない仮定の下での話であり，現実にはいつか破綻するのである．

無限と言っても，様々な無限がある．自然数の集合，整数の集合，有理数の集合などはいずれも要素を無限に含む集合であるが，上記のように番号を振って並べることができるので可算無限である．一方，実数全体の集合や複素数全体の集合はこのように並べることができず，同じ無限といっても可算無限より "濃度" が濃い**連続体濃度**を有する．濃度に関する解説はここではこれ以上立ち入るのを止めて，第 3 章に委ねることにしよう．

3. 鳩小屋の原理

この節では，興味深い論理展開の 1 つの方法を紹介する．

あるところに鳩の親鳥がいた．その親鳥には 6 羽の雛がいた．しかし，そこには 5 個の鳩小屋しかなかった．親鳥は，雛たちを個々に好きな小屋を選んで毎日移動させていたが，あるときふと気づいた．いつもどこかの小屋に 2 羽以上の雛が入っていることに．

図 4　鳩小屋の原理

これは人間にとっては自明なことである．一般化して述べると，「n 個の鳩小屋があるとする．$n+1$ 羽の鳩がこれらの小屋に住めば，少なくとも 1 個の鳩小屋には 2 羽以上の鳩がいる」この明らかに正しい命題を**鳩小屋の原理**という．ディリクレという 19 世紀の数学者が代数的整数論において有効に用いたので**ディリクレの抽出し論法**ともいう．すなわち，「n 個の抽出しの中に $n+1$ 個の物があれば，少なくとも 1 つの抽出しには 2 個以上の物がある」という論法である．この論法は余りにも明らかで有用には見えないかもしれないが，うまく用いれば興味深いことを示すことができる．いくつか使用例をあげてみよう．

(1) 13 人の人がいれば，その中に生まれ月が同じ人が少なくとも 1 組いる．

　　証明　生まれ月は 1 月から 12 月のいずれかである．13 人の人をそのいずれかの月に配置するのであるから，どこかの月に 2 人以上の人が入るのである．　　□

(2) 200 人を集めてパーティーをするとする．そうすると，そのパーティー会場に少なくとも 1 組の同い年の人がいる．

　　証明　190 才まで生きている人は現在はいないから，人間の年齢は 0 才から 190 才までのいずれかである．その年齢に 200 人の年齢を対応させればどこかの年齢に 2 人以上の人が入ってしまうはずである．したがって，少なくとも 2 人の人が同い年になるわけである．　　□

(3) 50 人の人が集会に集まっているとする．参加者のそれぞれに対して，集会参加者中の知り合いの人数を数えると，その数が一致する人が少なくとも 1 組いる．

　　証明　もし，全員と知り合いの人 A がいれば，どの人も少なくとも A さんを知っているから誰とも知り合いでない人は 1 人もいない．したがって，各人の集会参加者中の知り合いの人数は，1 人から 49 人のいずれかだから，鳩小屋の原理によってある 2 人についてこの数は等しくなる．もし，全員と知り合いの人がいなければ，集会参加者中の知り合いの人

数は，どの人も 0 人から 48 人までの 49 通りだから，再び鳩小屋の原理によってある 2 人の人についてこの数は等しくなる． □

(3) において，50 人という人数は重要ではなく，何人の集会であっても，集会参加者中の知り合いの人数が一致する人の組が存在することが証明される．このことは，鳩小屋の原理を用いて，上と同様に証明できるが，数学的帰納法による別証明も与えておこう．

証明 集会の人数を n 人とする．n が 2 以上でなければ意味がないから $n \geq 2$ としておこう．まず $n = 2$ のときは，そのうちの 1 人が相手を知らなければ，相手もその人を知らないわけで，どちらも知り合いなしということで集会参加者中の知り合いの人数は等しい．そのうちの 1 人が相手を知っていれば，相手もその人を知っているから，どちらも知り合い 1 人ということで集会参加者中の知り合いの人数は等しい．したがって，$n = 2$ のときは命題が成り立つ．

n 人の集会のとき命題が正しいとして $n+1$ 人の集会のときにも成り立つことを示そう．集会参加者中の知り合いの人数の可能性は 0 人から n 人の間のどれかであるから，$n+1$ 人のうちのどの 2 人も集会参加者中の知り合いの人数が異なるとすれば，集会参加者中の知り合いの人数は 0 人から n 人のすべての値を 1 回ずつとる．そこで，$n+1$ 人から集会参加者中の知り合いの人数が 0 人の人を 1 人除く．そうすれば，残りの n 人の人の集会参加者中の知り合いの人数はもと通りのはずであり，すべて異なっている．これは，n 人の集会の場合に命題が成り立つという数学的帰納法の仮定に反している．よって，$n+1$ 人の集会のときにも命題は成り立つ． □

以上は，数学的帰納法と背理法を用いた証明である．

(4) n 個の整数があり，そのどれもが n で割り切れないとする．そのとき，その中から適当な 2 数を選べばその差が n で割り切れるようにするこ

とができる．

証明 n 個の整数がすべて n で割り切れないから，n で割ったときの余りの可能性は 1 から $n-1$ までの $n-1$ 通りである．よって，鳩小屋の原理からその中の整数で n で割ったときの余りが等しい 2 数がある．それを a, b とすれば $a - b$ は n で割り切れる．したがって，2 数として a, b を選べば題意を満たす． □

(5) 3 個の整数がある．その内の適当な 2 数を選べば，その平均が整数となるようにできる．

証明 その 3 個の整数が偶数か奇数かを考える．すべての整数は偶数か奇数のいずれかであるが，ここには 3 個の整数があるので，鳩小屋の原理からそのうちの少なくとも 2 数 a, b の偶奇が一致するはずである．このとき，$a + b$ は偶数になるから，その 2 数の平均は整数になる． □

この問題を 3 次元で考えてみよう．3 次元空間に座標を入れる．座標の成分がすべて整数になるような点を**格子点**という．3 次元空間における任意の $2^3 + 1$ 個の相異なる格子点の集合 S を考える．S からうまい 2 つの格子点をとれば，その 2 つの格子点を結ぶ線分がある格子点を通るようにできる．

証明 これを示すには，各座標の偶奇を考える．偶数を偶，奇数を奇と書いて (偶, 奇, 奇) などである．各成分の可能性は偶奇の 2 種類だから，全体では 2^3 通りある．S の元数は $2^3 + 1$ 個だから，鳩小屋の原理によって，座標の偶奇がすべて一致する S の 2 点がある．このとき，その 2 点を結ぶ線分の中点は格子点となる． □

2 次元やさらに高次元で考えても同様の問題を考える事ができるが詳細は読者に委ねよう．

(6) n 個の整数が並んでいるとき，左側から連続何個か除き，右側から連続何個か除けば，その残りの整数の和が n で割り切れるようにすることができる．ただし，除くということには，0 個を除くということ，つまり除かないということも含めるとする．

6 15 4 19 1 37 3 7

図 5 8 個の数字の列．左から 2 個，右から 3 個除けば残りの和は 8 で割り切れる．

証明 n 個の整数を $a_1, a_2, \cdots, a_n$ とする．これから作られる

$$a_1, a_1+a_2, a_1+a_2+a_3, \cdots, a_1+a_2+\cdots+a_n$$

なる n 個の整数を考える．

これらを n で割って割り切れるものがあるとし，それを $a_1+a_2+\cdots+a_i$ とする．このときには左側から 0 個，右側から $n-i$ 個除けばよい．つぎに，これらがどれも n で割り切れないとする．このときには余りの可能性は $n-1$ 通りである．したがって，鳩小屋の原理から余りの等しい 2 数がある．それらを，$a_1+a_2+\cdots+a_i, a_1+a_2+\cdots+a_j \ (i<j)$ とすれば，後者から前者を引いた $a_{i+1}+a_2+\cdots+a_j$ は n で割り切れる．したがって，左側から i 個，右側から $n-j$ 個除けばその残りの整数の和が n で割り切れる． □

(7) 1 から 1000 までの自然数のうちから 501 個の数を選び，その集合を S とする．このとき，S の中の 2 数 a, b で，a が b で割り切れるような組 (a, b) が存在する．

証明 1 から 500 までのどの整数 a も，適当な 2 のベキ乗 2^n をかければ 501 から 1000 の間に収まる．また，このようなベキ n は整数 a によって一意的に決まる．そこで，S の数 a に対して，適当な 2 のベキを

かけて 501 と 1000 の間に入いれたもの $2^n a$ を対応させ, $f(a)$ とする ($f(a) = 2^n a, 501 \leq 2^n a \leq 1000$). S の元は 501 個あり, 501 と 1000 の間には数字が 500 個しかないから, 鳩小屋の原理によって $f(a) = f(b)$ なる S の異なる 2 数 a, b がある. $f(a) = 2^m a = 2^n b = f(b)$ とする ($a, b \in S, m < n$). このとき, $a = 2^{n-m} b$ だから, a は b で割り切れる. □

(8) 多面体の各面を囲んでいる辺の数を考える. このとき, 任意の多面体に対して, 同じ辺数をもった面が少なくとも 1 対は存在する.

証明 与えられた多面体の面で辺数が最大な面 P を取り, その辺数を n とする. このとき, その面の周りには n 個の面がある. P とこの n 個の面をあわせて, $n+1$ 個の面を考える. 面は少なくとも 3 角形だから, 辺数の最大性を考えれば, 面を囲んでいる辺の数は 3 以上 n 以下の $n-2$ 通りである. したがって, 鳩小屋の原理から, これら $n+1$ 個の面の中に, 同じ辺数をもった面が少なくとも 1 対は存在する. □

(9) n を自然数として, $n^2 + 1$ 個の異なる整数が並んでいる数列を考える. このとき, $n+1$ 個の整数の増大列か, $n+1$ 個の整数の減少列を部分列として選びだすことができる.

ここで, 数列 $a_1, a_2, \cdots, a_{n^2+1}$ の部分列とは, $a_{i_1}, a_{i_2}, \cdots, a_{i_k}$ のような列で, $1 \leq i_1 < i_2 < \cdots < i_k \leq n^2 + 1$ であるものをいう.

証明 考える数列を

$$a_1, a_2, \cdots, a_{n^2+1}$$

とする. a_i から始まる減少列で長さ最長のものの長さを $k(a_i)$ とする. また, a_i から始まる増大列で長さ最長のものの長さを $\ell(a_i)$, とする. $\ell(a_i) \geq n+1$ または $k(a_i) \geq n+1$ なる i の存在が証明すべきことである. これを, 背理法で証明する.

すべての i に対して $\ell(a_i) \leq n$ かつ $k(a_i) \leq n$ とする. このとき, $1 \leq \ell(a_i) \leq n$ かつ $1 \leq k(a_i) \leq n$ だから, 組 $(k(a_i), \ell(a_i))$ は n^2 通りの可

能性がある．一方，数列は n^2+1 個の数字からなるから鳩小屋の原理からある i,j $(i<j)$ が存在して

$$(k(a_i),\ell(a_i)) = (k(a_j),\ell(a_j))$$

となる．まず，$a_i < a_j$ とする．a_j から始まる長さ最長の増大列を考える．その長さは $\ell(a_j)$ である．この列の先頭に a_i を加えたものは，a_i から始まる増大列であるから，

$$\ell(a_i) \geq \ell(a_j) + 1$$

が成り立つ．これは $\ell(a_i) = \ell(a_j)$ に反する．

次に，$a_i > a_j$ とする．a_j から始まる長さ最長の減少列をとれば，その長さは $k(a_j)$ である．この列の先頭に a_i を加えたものは，a_i から始まる減少列であるから，

$$k(a_i) \geq k(a_j) + 1$$

が成り立つ．これは $k(a_i) = k(a_j)$ に反する．

結局，$(k(a_i),\ell(a_i)) = (k(a_j),\ell(a_j))$ とはなり得ないので矛盾である．したがって，$n+1$ 個の数字の増大列か，$n+1$ 個の数字の減少列を部分列として含んでいる． □

ここで，平均を考えることによって得られる論理的帰結を調べてみよう．$x_1, x_2, \cdots, x_n$ を n 個の数としそれらの平均を

$$d = \frac{x_1 + x_2 + \cdots + x_n}{n}$$

とする．このとき，

ある i が存在して $d \leq x_i$

が成り立つ．この命題をこの章では平均の原理とよぶことにしよう．鳩小屋の原理はこの平均の原理を用いて証明できることを示そう．

証明 $n+1$ 羽の鳩を n 個の鳩小屋に入れると，1つの鳩小屋あたりに入っ

ている鳩の平均値は

$$\frac{n+1}{n} = 1 + \frac{1}{n}$$

である．よって，どこかの鳩小屋には $1 + \dfrac{1}{n}$ 羽以上の鳩が入っている．しかし，鳩の数は整数だから，その鳩小屋には 2 羽以上の鳩が入っていなければならない．このようにして，平均の原理から鳩小屋の原理がしたがうのである．□

このことはさらに次のように一般化できる．

n, a を自然数として $an+1$ 羽の鳩がいる．これらの鳩を n 個の鳩小屋に入れれば，少なくとも 1 つの鳩小屋には $a+1$ 羽以上の鳩が入っている．

証明は上記と同様であるが，念のために与えておこう．

証明 $an+1$ 羽の鳩を n 個の鳩小屋に入れると，1 つの鳩小屋あたりに入っている鳩の数の平均値は

$$\frac{an+1}{n} = a + \frac{1}{n}$$

である．よって，どこかの鳩小屋には $a + \dfrac{1}{n}$ 羽以上の鳩が入っている．しかし，鳩の数は整数だから，その鳩小屋には $a+1$ 羽以上の鳩が入っていなければならない． □

平均の原理を用いて示される問題の例を挙げておこう．

(10) n を 2 以上の自然数とする．正 $2n$ 角形の頂点に，0 を n 個，1 を n 個，任意に 1 個ずつ配置する．正 $2n$ 角形を，中心の周りに，$\dfrac{k\pi}{n}$ (k は自然数，$1 \leq k \leq 2n-1$) ラジアン回転して，もとの正 $2n$ 角形に重ね合わせる．このとき，k をうまく選べば少なくとも n 箇所の数字がもとの位置にある正 $2n$ 角形の数字と一致するようにできる．

証明 おのおのの k ($0 \leq k \leq 2n-1$) に対して，中心の周りに $\dfrac{k\pi}{n}$ 回転してもとの正 $2n$ 角形と重ねることができる．この $2n$ 通りの k のそれ

ぞれに対して，一致している数字の合計数を考え，それが

$$x_0, x_1, x_2, \cdots, x_{2n-1}$$

であるとする．x_0 は回転しない状態に対応し，したがって $x_0 = 2n$ である．1つの頂点をとって，そこで $2n$ 通りの重ね合わせすべてを考えれば，n 回数字が一致する．したがって，各頂点で一致する数字の数を合計すれば

$$n \times 2n = 2n^2$$

となる．つまり，

$$x_0 + x_1 + \cdots + x_{2n-1} = 2n^2$$

を得る．よって，

$$x_1 + \cdots + x_{2n-1} = 2n^2 - 2n.$$

平均の原理から，ある i $(1 \leq i \leq 2n-1)$ が存在して

$$x_i \geq \frac{2n^2 - 2n}{2n-1} = n - \frac{n}{2n-1}$$

となる．$\frac{n}{2n-1} < 1$ であり，x_i は整数だから，$x_i \geq n$ となって，結果を得る． □

　鳩小屋の原理も平均の原理もきわめて簡単な原理である．しかし，これまで見てきたように，原理は簡単でも，自明でない結論が論理的に数多く導かれるのである (この節の問題は参考文献 [2] を参考にした)．

§2 初等整数論における論理

1. ユークリッドの互除法

　整数全体の集合を **Z** と書く:

$$\mathbf{Z} = \{\cdots, -2, -1, 0, 1, 2, \cdots\}$$

整数のことを**有理整数**ということもある．1以上の整数を**自然数**とよぶ．$1, 2, 3, \cdots$ と続く数列に属する数のことである．自然数全体の集合を $\mathbf{N}$ と書く：

$$\mathbf{N} = \{1, 2, 3, \cdots\}$$

次の定理は整数論の基礎となるものでありここでは既知とする．

[**剰余定理**]　a を 0 ではない整数，b を整数とするとき

$$b = qa + r, \quad 0 \leq r < |a|$$

となるような整数 q, r がただ1組存在する．

整数 $a, b \in \mathbf{Z}$ に対し，ある整数 q が存在して

$$b = aq$$

となるとき，a は b を**割り切る**，あるいは a は b の**約数**であるという．b を主体にいえば，b は a で**割り切れる**，あるいは b は a の**倍数**であるという．a が b を**割り切る**ことを $a|b$ と表す．a が b を割り切るとき，$-a$ も b を割り切るから，約数といった場合には正の約数を意味するものとする．

整数 a, b に対し，a と b の共通の約数を**公約数**という．a と b の公約数のうちで最大のものを a と b の**最大公約数**といい，$\gcd(a, b)$ と書く．a と b の最大公約数が1になるとき，a と b は**互いに素**であるという．a と b が互いに素であるとは，共通の約数が1しかないということである．

a, b を2つの整数とするとき，a, b の最大公約数を求めることは興味ある問題である．ここではその方法を解説しよう．そのために，次の事実が基本となる．

q, r を $a = qb + r$ を満たす整数とするとき，$\gcd(a, b) = \gcd(b, r)$ が成り立つ．

証明　$a = qb + r$ が成り立つとき，整数 c が a, b を割り切れば c は r を割り切る．逆に，c が b, r を割り切れば c は a を割り切る．結果はこのことから

従う. □

自然数 a,b の最大公約数を求めるためには剰余定理を繰り返し用いる：

$$a = m_1 b + r_1 \quad 0 \leq r_1 \leq |b| - 1$$
$$b = m_2 r_1 + r_2 \quad 0 \leq r_2 \leq r_1 - 1$$
$$r_1 = m_3 r_2 + r_3 \quad 0 \leq r_3 \leq r_2 - 1$$
$$\vdots$$

このとき，$r_1 > r_2 > r_3 > \cdots \geq 0$ だから自然数 n が存在して $r_n \neq 0, r_{n+1} = 0$ となる．つまり

$$r_{n-1} = m_{n+1} r_n$$

となる．上記事実をこれらの等式に用いれば，

$$r_n = \gcd(r_n, r_{n-1}) = \gcd(r_{n-1}, r_{n-2}) = \cdots$$
$$= \gcd(r_2, r_1) = \gcd(r_1, b) = \gcd(b, a)$$

だから，r_n は a,b の最大公約数である．このようにして最大公約数を求める方法を**ユークリッドの互除法**という．

ユークリッドの互除法を用いて 486 と 222 の最大公約数を計算してみよう．

$$486 = 2 \times 222 + 42$$
$$222 = 5 \times 42 + 12$$
$$42 = 3 \times 12 + 6$$
$$12 = 2 \times 6$$

したがって，486 と 222 の最大公約数は 6 である．

ユークリッドの互除法の副産物として次のような結果を得る．

a, b を 0 ではない整数とし，a, b の最大公約数を d とすれば，

$$\alpha a + \beta b = d$$

となるような整数 α, β が存在する．

証明 上記の記号を用いれば，
$$r_1 = a - m_1 b$$
だから，$p_1 = 1, q_1 = -m_1$ とおいて
$$r_1 = p_1 a + q_1 b$$
を得る．また，
$$r_2 = b - m_2 r_1 = b - m_2(p_1 a + q_1 b)$$
$$= -m_2 p_1 a + (1 - m_2 q_1) b$$
だから，$p_2 = -m_2 p_1, q_2 = 1 - m_2 q_1$ とおけば
$$r_2 = p_2 a + q_2 b$$
となる．r_1, r_2 を 3 番目の式に代入すれば同様にして，適当な整数 p_3, q_3 が存在して
$$r_3 = p_3 a + q_3 b$$
の形となる．以下帰納的に
$$r_i = p_i a + q_i b$$
の形となるが，$i = n$ のときを考えれば，r_n は a, b の最大公約数 d になるから，d は
$$d = r_n = p_n a + q_n b$$
の形に適当な整数 p_n, q_n を用いて表せることが分かる．

$d = 1$ の特別な場合として，a, b を互いに素な整数とするとき
$$xa + yb = 1$$
となるような整数 x, y が存在することが分かる． □

たとえば，$a = 11, b = 8$ のとき，$x = 3, y = -4$ ととれば

$$xa + yb = 1$$

となる．

2. 完全数とメルセンヌ素数

整数論は，演繹法，数学的帰納法や背理法などの論理の宝庫である．小川洋子さんの小説『博士の愛した数式』では，80 分しか記憶が持たない博士を中心に，お手伝いさんとその息子の博士に対する親愛の情をほのぼのと描きながら，整数論を小説の中に自然にとけ込ませている．自然数 n で，自分自身以外の約数の和が n に等しくなるものを**完全数**という．小川さんの小説ではこの完全数がストーリー展開のキーになっている．完全数は，阪神時代の江夏豊選手の背番号が 28 であることから小説に登場する．最小の完全数は 6 であり 28 は小さい方から 2 番目の完全数なのである．ここでは，完全数にまつわる論理を取り上げて初歩から解説し，偶数の完全数の形を決定してみよう．

1 と自分自身以外の約数を**真の約数**という．2 以上の整数が真の約数をもたないとき，**素数**という．素数は

$$2, 3, 5, 7, 11, 13, 17, \cdots$$

と無限に続く．この事実は古代ギリシャから知られている．証明には背理法を用いる．

証明　素数が有限個しかないと仮定し，それらのすべてを

$$p_1, p_2, \cdots, p_\ell$$

としよう．

$$n = p_1 p_2 \cdots p_\ell + 1$$

とおく．どのような 2 以上の自然数もある素数で割り切れるから，n は何らかの素数で割り切れるはずである．しかし，$p_1, p_2, \cdots, p_\ell$ のいずれで割っても 1 余り，割り切れないから，割り切れる素数がないことになって矛盾である．したがって，素数は無限個存在せねばならない．　□

2以上の整数が真の約数を持つとき**合成数**という．

$$4, 6, 8, 9, 10, \cdots$$

などは合成数である．

p を素数，a_1, a_2 を整数とするとき，

$$p|a_1a_2 \Longrightarrow p|a_1 \text{ または } p|a_2$$

となる．

証明 $p|a_1a_2$ とすれば，a_1 と p の最大公約数 d_1 は p の約数であるから 1 または p に等しい．$d_1 = p$ ならば，a_1 は p で割り切れる．a_2 と p の最大公約数 d_2 は p の約数であるから 1 または p に等しい．$d_2 = p$ ならば，a_2 は p で割り切れる．

そこで，$d_1 = d_2 = 1$ にはなり得ないことを背理法で証明しよう．$d_1 = d_2 = 1$ と仮定する．このとき前節で示したように整数 x_1, x_2, y_1, y_2 が存在して

$$1 = a_1 x_1 + p y_1$$
$$1 = a_2 x_2 + p y_2$$

となる．辺々かければ

$$1 = a_1 a_2 x_1 x_2 + p y_1 a_2 x_2 + p a_1 x_1 y_2 + p^2 y_1 y_2$$

を得るが，仮定によって $a_1 a_2$ は p で割り切れるから右辺は p で割り切れる．しかし，左辺は p で割り切れないから矛盾である．以上から $p|a_1$ または $p|a_2$ となる． □

さらに一般に，p を素数，$a_1, a_2, a_3, \cdots, a_n$ を整数とするとき，数学的帰納法によって

$$p|a_1 a_2 a_3 \cdots a_n \Longrightarrow \text{ある } i \text{ が存在して } p|a_i$$

となることが証明できる．次の事実は基本的である．

任意の合成数は素数の積に分解される．また，その分解は積の順序を除いて

一意的である

証明 前半の証明には合成数の大きさに関する数学的帰納法を用いる．4 は最小の合成数であるが $4 = 2 \times 2$ と素数の積に分解される．n を合成数とし，n よりも小さい合成数については定理が証明されているとする．n は合成数であることから，$n = ab \ (1 < a < n, 1 < b < n)$ と 2 つの自然数の積に分解される．帰納法の仮定より，a, b は素数であるか，または素数の積に分解される．すなわち，素数 $p_1, p_2, \cdots, p_\alpha, q_1, q_2, \cdots, q_\beta$ が存在して，

$$a = p_1 p_2 \cdots p_\alpha, \quad b = q_1 q_2 \cdots q_\beta$$

と書ける．よって，

$$n = ab = p_1 p_2 \cdots p_\alpha q_1 q_2 \cdots q_\beta$$

と素数の積にされる．

分解の一意性については，

$$n = p p' p'' \cdots = q q' q'' \cdots$$

と素数への 2 通りの分解があるとして，この 2 通りの分解が素数の並び方を除いて一致していることを示せばよい．n についての数学的帰納法でこのことを証明する．$n = 1$ のときは明らかである．n より小さい場合に証明されたとして，n の場合を証明する．

$q | n$ より素数 $p, p', \cdots$ の中で q で割り切れるものがある．割り切れるものを (必要ならば積の順序を入れ替えて) p とすれば，$q | p$ かつ p, q は素数であることから $q = p$ となる．もとの等式の両辺を p で割れば，

$$p' p'' \cdots = q' q'' \cdots$$

となる．$p' p'' \cdots = m$ とおけば，$m < n$ であるから，帰納法の仮定により，m の素数への分解は積の順序を除いて一意的であり，したがって，n の素数への分解も積の順序を除いて一意的となる． □

n を素因数分解したとき，同じ素数は 1 つにまとめて次のように書く．

$$n = p_1^{e_1} p_2^{e_2} \cdots p_t^{e_t}$$

ここに，p_i $(i = 1, 2, \cdots, t)$ は相異なる素数である．まず，n の約数が何個あるか数えてみよう．約数は，p_i $(i = 1, 2, \cdots, t)$ の積で，各 p_i は e_i 回以下現れるものである．したがって，p_i の現れる回数は，0 から e_i の $1 + e_i$ 通りである．よって全体では

$$(1 + e_1)(1 + e_2) \cdots (1 + e_t)$$

通りの約数が存在する．それでは，それらの約数のすべての和を計算してみよう．そのために，次のような式を考える：

$$(1 + p_1 + p_1^2 + \cdots + p_1^{e_1})(1 + p_2 + p_2^2 + \cdots + p_2^{e_2}) \cdots (1 + p_t + p_t^2 + \cdots + p_t^{e_t})$$

この式を展開すれば，その項の中に n の約数が 1 度ずつ出て来る．したがって，この式の値が n の約数すべての和と等しくなる．この式を $S(n)$ と書けば等比数列の和の公式を考えて

$$S(n) = \frac{p_1^{e_1+1} - 1}{p_1 - 1} \cdot \frac{p_2^{e_2+1} - 1}{p_2 - 1} \cdots \frac{p_t^{e_t+1} - 1}{p_t - 1}$$

を得る．

　自然数 n は自分自身を除く約数の和が n になるとき完全数というのであった．$S(n)$ には自分自身も約数の 1 つとして足してしまっているから，n が完全数となるための必要十分条件は

$$S(n) = 2n$$

ということになる．偶数の完全数はオイラーが証明した次の定理によって完全に決定できる．

　[オイラーの定理] $n = 2^{\ell-1}(2^\ell - 1)$ において，$2^\ell - 1$ が素数であるならば n は完全数である．逆に，偶数の完全数は素数になる $2^\ell - 1$ をとって，すべて $2^{\ell-1}(2^\ell - 1)$ の形で与えられる．

　証明 前半を示すには，実際に約数すべての和を計算する．$p = 2^\ell - 1$ とお

けば，p が素数であることから，$n = 2^{\ell-1}(2^\ell - 1)$ の約数は 2^i または $2^i p$ の形である．すべての約数の和は

$$S(n) = \sum_{i=0}^{\ell-1} 2^i + \sum_{i=0}^{\ell-1} 2^i p$$
$$= (2^\ell - 1) + (2^\ell - 1)p$$
$$= (2^\ell - 1)(p + 1)$$
$$= 2^\ell (2^\ell - 1) = 2n$$

となる．よって，n は完全数である．

逆に n を偶数の完全数とし，

$$n = 2^{\ell-1} m, \ \ell > 1, \ m \text{ は } 2 \text{ で割り切れない自然数}$$

とおく．n は完全数だから

$$S(n) = 2n = 2^\ell m$$

となる．一方，

$$S(n) = S(2^{\ell-1})S(m) = (1 + 2 + 2^2 + \cdots + 2^{\ell-1})S(m) = (2^\ell - 1)S(m)$$

であるから，

$$2^\ell m = (2^\ell - 1)S(m)$$

となる．よって，

$$S(m) = m + \frac{m}{2^\ell - 1}$$

を得る．この左辺は整数であるから $\frac{m}{2^\ell - 1}$ は整数でなければならない．また，$\ell > 1$ を考えれば $\frac{m}{2^\ell - 1}$ は m より真に小さく，したがって，$\frac{m}{2^\ell - 1}$ は m の真の約数である．$S(m)$ は m の約数すべての和だが，右辺をみれば m の約数が 2 個しかないから，m の約数は全部で 2 個しかないはずで，m は素数でなければならない．よって，

$$\frac{m}{2^\ell - 1} = 1$$

となる．このあたりの論法はいかにも数論らしくてきれいである．ともかく，このことから $2^\ell - 1 = m$ は素数となる．以上で，偶数の完全数はすべて

$$n = 2^{\ell-1}(2^\ell - 1) \quad (\text{ただし } 2^\ell - 1 \text{ は素数})$$

の形となる． □

奇数の完全数は 1 つも知られていない．もし奇数の完全数が存在するとしても大変大きな数になることが知られている．

ここで，自然数 $2^\ell - 1$ を調べてみよう．自然数 $2^\ell - 1$ が素数であるためには ℓ が素数でなければならない．

なぜならば，$\ell = ab$ と 2 以上の 2 つの自然数 a, b の積に書ければ，

$$2^\ell - 1 = 2^{ab} - 1 = (2^a - 1)(2^{a(b-1)} + 2^{a(b-2)} + \cdots + 2^a + 1)$$

となって因数分解されてしまうからである．

$\ell = 2$ なら $2^\ell - 1 = 3$ は素数で対応する完全数は $2^{\ell-1}(2^\ell - 1) = 6$，
$\ell = 3$ なら $2^\ell - 1 = 7$ は素数で対応する完全数は $2^{\ell-1}(2^\ell - 1) = 28$

となる．これらが完全数であることはすでに述べた．ℓ が素数でも $2^\ell - 1$ が素数になるとは限らない．$2^\ell - 1$ の形に書ける素数を**メルセンヌ素数**という．コンピュータによる素数判定によって 2011 年 9 月現在，47 個のメルセンヌ素数が発見されている．その中で最大のメルセンヌ素数は

$$2^{43112609} - 1$$

であり，その桁数は 12978189 桁である．このメルセンヌ素数が 2011 年 9 月現在具体的に知られている最大の素数でもある．また，メルセンヌ素数と偶数の完全数は 1 対 1 に対応するから，完全数は 2011 年 9 月現在 47 個知られていることになる．

$2^\ell - 1$ の形の数が素数かどうかを判定するためにリュカ・テストという方法

がある．この判定法については最後の節で紹介する．

素数の世界には不思議な現象が数多くあり，多くの研究者の興味を惹いている．素数に関する興味ある結果を紹介しよう．

(1) [ディリクレの定理] a, k を互いに素な自然数とすれば，数列
$$kn + a \quad (n = 1, 2, \cdots)$$
の中に素数が無限に存在する．

(2) [チェビシェフの定理] $a > 1$ とすれば，$a < p < 2a$ なる素数 p が必ず存在する．

(3) いくらでも大きな区間でその間に素数が存在しない区間が存在する．
この証明は簡単である．n を任意に大きな自然数とし，長さ n の開区間でそこに素数が存在しないものを求める．そのために $a = n! \, (n \geq 2)$，$b = n! + n + 1$ とおく．そのとき，長さ n の開区間 $(a+1, b)$ に存在する自然数は素数ではない．なんとならば $2 \leq c \leq n$ なる任意の自然数 c に対し，$a + c$ は c で割り切れるからである． □

(4) [素数定理] 自然数 x を越えない素数の数を $\pi(x)$ とすれば
$$\lim_{x \to \infty} \frac{\pi(x)}{\frac{x}{\log(x)}} = 1$$
が成り立つ．つまり，x 以下の素数の数は，x が大きくなるにつれて $\frac{x}{\log(x)}$ と大体同じぐらいということである．

素数に関する未解決の問題を 2 つご紹介しておこう．

[双子素数]

3 と 5, 5 と 7, 11 と 13, 17 と 19 のように，偶数をはさむ 2 つの素数を**双子素数**という．双子素数は無限個存在すると予想されているが，このことは証明されていない．

[ゴールドバッハの予想]

4 以上の偶数は 2 つの素数の和として表されると予想されている．$4 = 2 + 2, 6 = 3 + 3, 8 = 5 + 3, 10 = 7 + 3, 12 = 7 + 5 \ 14 = 7 + 7, 16 = 11 + 5$ など．

3. フェルマーの小定理

この節では，合同という考え方を解説し，それを用いてフェルマーの小定理を導く．

a, b, m を整数とする．$a - b$ が m で割り切れるとき，

$$a \equiv b \pmod{m}$$

とかく．言い換えれば，$a \equiv b \pmod{m}$ であることは，a を m で割ったときの余りと b を m で割ったときの余りが等しいことを意味する．たとえば，$35 \equiv 7 \pmod{4}$ であり，35 を 4 で割ったときの余りは 3 であり，7 を 4 で割ったときの余りに等しい．$a \equiv b \pmod{m}$ となっているとき，a と b は m を法として**合同**であるといい，この式を**合同式**という．

$a, b, c \in \mathbf{Z}$ とするとき，$a \equiv a \pmod{m}$ や，$a \equiv b \pmod{m}$ ならば $b \equiv a \pmod{m}$ であることは定義から明らかである．また，$a \equiv b \pmod{m}$ かつ $b \equiv c \pmod{m}$ ならば $a \equiv c \pmod{m}$ が成り立つ．なぜならば，$a \equiv b \pmod{m}$ より整数 x が存在して $a - b = xm$ となり，$b \equiv c \pmod{m}$ より整数 y が存在して $b - c = ym$ となる．したがって，$a - c = (x+y)m$ となるから，$a - c$ は m で割り切れて $a \equiv c \pmod{m}$ を得る．

ここで，数学でよく用いる剰余類別の概念を説明しよう．この考え方は日常的にもよく用いられている．たとえば，1000 人の新入生がある大学に入学したとしよう．このとき，1000 人ひとりひとりと個別に対応すると収拾がつかないからクラス分けをする．1 クラス 50 人とすれば 20 のクラスに分かれることになり，クラスをひとまとめにして対応すれば物事はスムーズに進行するであろう．さらに，代表として委員長を 1 人各クラスに選んでおけば，さらに対応が楽であろう．

このような考え方が数学でも用いられる．整数 m を 1 つ固定して考える．整数 a に対し，

$$\bar{a} = \{x \in \mathbf{Z} \mid x \equiv a \pmod{m}\}.$$

とおき，a の定める法 m に関する**合同類**または**剰余類**という．a を合同類 $\bar{a}$

の**代表元**という．$\bar{a}$ は，m を法として整数 a と合同な整数全体の集合である．m を法として整数 a と合同な整数はすべて $\bar{a}$ の代表元となりうる．法 m に関する合同類全体の集合を $\mathbf{Z}/m\mathbf{Z}$ と書く．先のたとえでは，これは新入生のクラスのなす集合である．a を m で割った余りを r $(0 \le r \le m-1)$ とすれば，$a \equiv r \pmod{m}$ だから，$r \in \bar{a}$ であり，$\bar{r} = \bar{a}$ となる．このことから法 m に関する合同類は，m で割った余りの分だけ存在する．したがって，

$$\mathbf{Z}/m\mathbf{Z} = \{\bar{0}, \bar{1}, \cdots, \overline{m-2}, \overline{m-1}\}$$

となり，$\mathbf{Z}/m\mathbf{Z}$ は m 個の元から成ることが分かる．

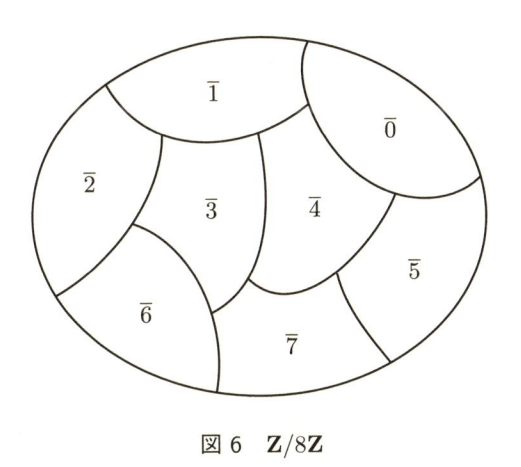

図 6　$\mathbf{Z}/8\mathbf{Z}$

ここで，合同類全体の集合 $\mathbf{Z}/m\mathbf{Z}$ に和と積の構造を自然に定義しよう．$\bar{a}, \bar{b} \in \mathbf{Z}/m\mathbf{Z}$ に対し

$$\text{和} : \bar{a} + \bar{b} = \overline{a+b}$$
$$\text{積} : \bar{a} \cdot \bar{b} = \overline{ab}$$

と定義する．この定義は見かけ上は各合同類の代表元の取り方に関係している．しかし，これらの演算が代表元の選び方によらず決まらなければ合同類全体の集合 $\mathbf{Z}/m\mathbf{Z}$ での和と積の定義がうまくいかない．つまり，$a_1 \equiv a_2 \pmod{m}$,

$b_1 \equiv b_2 \pmod{m}$ とするとき，

$$a_1 \pm b_1 \equiv a_2 \pm b_2 \pmod{m}$$
$$a_1 b_1 \equiv a_2 b_2 \pmod{m}$$

が成り立たなければならないのである．

　実際，仮定から $a_1 - a_2 = xm$, $b_1 - b_2 = ym$ となる整数 x, y が存在する．これを用いて，

$$(a_1 \pm b_1) - (a_2 \pm b_2) = (x \pm y)m$$
$$a_1 b_1 - a_2 b_2 = a_1(b_1 - b_2) + (a_1 - a_2)b_2 = (a_1 y + b_2 x)m$$

を得る．したがって，求める合同式が成り立ち，集合 $\mathbf{Z}/m\mathbf{Z}$ で和と積が代表元の取り方によらず定義できるのである．

　先に述べたたとえを用いれば，2 つのクラスの和や積などの演算を考えるとき，その行き先のクラスはそれぞれの委員長が相談して決める．しかし，委員長をかえたとき，クラスの方針が変わり結果が違ってくると大変都合が悪い．ここで示したことは，委員長がかわっても和や積の結果がかわらないということである．

　$\bar{0}$ は零元の役割を果たし，$\bar{1}$ が 1 の役割をはたす．つまり，任意の $\bar{a} \in \mathbf{Z}/m\mathbf{Z}$ に対し，

$$\bar{a} + \bar{0} = \bar{0} + \bar{a} = \bar{a}$$
$$\bar{a} \cdot \bar{1} = \bar{1} \cdot \bar{a} = \bar{a}$$

が成り立つ．また，積の記号 $\cdot$ はしばしば省略され，$\bar{a} \cdot \bar{b}$ を $\bar{a}\bar{b}$ と書くことが多い．

　例として，$\mathbf{Z}/3\mathbf{Z}$ を考えよう．$\mathbf{Z}/3\mathbf{Z}$ は $\bar{0}, \bar{1}, \bar{2}$ の 3 個の元からなる．和と積については，たとえば，

$$\bar{1} + \bar{2} = \bar{3} = \bar{0}, \quad \bar{2} + \bar{2} = \bar{4} = \bar{1}$$
$$\bar{1} \cdot \bar{2} = \bar{2}, \quad \bar{2} \cdot \bar{2} = \bar{4} = \bar{1}$$

が成り立つ．

次の事実はフェルマーの小定理の証明のキーとなる．

a, b, c を整数，m を自然数とし，m と c は互いに素であるとする．このとき，$ac \equiv bc \pmod{m}$ ならば，$a \equiv b \pmod{m}$ が成り立つ．

証明　m と c は互いに素であるから，すでに述べたように，整数 x, y で $cx + my = 1$ となるものが存在する．よって，
$$a = acx + amy, \quad b = bcx + bmy$$
となる．ゆえに，$a - b = (ac - bc)x + (ay - by)m$ となる．仮定からこの右辺は m で割り切れるから，$a - b$ も m で割り切れる．　□

[フェルマーの小定理]　a を素数 p で割り切れない整数とすれば
$$a^{p-1} \equiv 1 \pmod{p}$$
が成り立つ．

まず，例を見てみよう．$p = 23$ は素数で，$a = 81$ は 23 で割り切れない．よって，フェルマーの小定理より
$$81^{22} \equiv 1 \pmod{23}$$
となるのである．このような結果がすべての素数について成り立つというのはとても美しい．

フェルマーの小定理を証明しておこう．

証明　$\mathbf{Z}/p\mathbf{Z}$ の $\bar{0}$ 以外の元全体の集合を適当な整数 $a_1, a_2, \cdots, a_{p-1}$ を用いて
$$\{\bar{a}_1, \bar{a}_2, \cdots, \bar{a}_{p-1}\}$$
とする．a は p で割り切れないから，フェルマーの小定理に先立って述べた事実から $\bar{a}\bar{a}_1, \bar{a}\bar{a}_2, \cdots, \bar{a}\bar{a}_{p-1}$ は相異なる元である．よって，元の個数を数えれ

ば，集合として
$$\{\bar{a}_1, \bar{a}_2, \cdots, \bar{a}_{p-1}\} = \{\bar{a}\bar{a}_1, \bar{a}\bar{a}_2, \cdots, \bar{a}\bar{a}_{p-1}\}$$
となる．ゆえに，それぞれの集合の元をすべてかけて
$$\bar{a}_1 \cdot \bar{a}_2 \cdot \cdots \cdot \bar{a}_{p-1} = \bar{a}\bar{a}_1 \cdot \bar{a}\bar{a}_2 \cdot \cdots \cdot \bar{a}\bar{a}_{p-1}$$
$$= \bar{a}^{p-1}\bar{a}_1 \cdot \bar{a}_2 \cdot \cdots \cdot \bar{a}_{p-1}$$
となる．$a_1 \cdot a_2 \cdot \cdots \cdot a_{p-1}$ は p と互いに素である．よって再び先に述べた事実を用いて
$$\bar{a}^{p-1} = \bar{1}$$
となる．これは求める式にほかならない． □

4. 因数分解の論理

必ずうまくいくような高速の因数分解の方法は存在しない．しかし因数分解をする必要は生じるから，因数分解をするための工夫がいろいろなされている．すなわち，その方法で必ずしも因数分解ができるとは限らないが，うまくできるときは高速にできるような方法が，いろいろと知られている．

1. 試行割算法

小さな素数から順に割り算を実行して素因子を探す方法である．エラトステネスの篩 (ふるい) ともいう．この方法の説明は省略するが参考文献 [4] をご覧いただきたい．この方法では，理論上は確実に因数分解できるが，大きな自然数を因数分解するには，高速のコンピュータを用いても途方もない時間がかかる．因数分解するのに，たとえば 1000 年かかるとすれば，もはや実用にはならないのである．したがって，この方法で大きな自然数を因数分解することは事実上不可能である．

2. $p-1$ 法

自然数 n の素因子 p に対して，$p-1$ が小さな素数の積に分解するような場合に有効な方法である．例を挙げて説明しよう．

$n = 98093$ の因数分解を考える．この数の素因子 p で $p-1$ が小さな素数の積に分解するものが存在するという幸運を信じて，いくつかの小さな素数の積を考え B とする．使いやすいものとして，例えば $B = 7! = 5040$ とおく．B が $p-1$ の倍数にうまくなっていれば (このような幸運はめったにないが)，つまり自然数 ℓ が存在して $B = \ell(p-1)$ であれば，フェルマーの小定理によって

$$2^B - 1 = (2^{p-1})^\ell - 1 \equiv 1^\ell - 1 \equiv 0 \pmod{p}$$

となるから，$2^B - 1$ は p で割り切れる．これを信じて，

$$2^{5040} - 1 \equiv 24840 - 1 \pmod{98093}$$

と 98093 の最大公約数をユークリッドの互除法で計算する．合同式における冪乗の早い計算法については冪の数の 2 進展開を用いる方法があるが，ここではコンピュータを用いれば高速に計算できるということで詳細は省略する (参考文献 [4] 参照)．このときは，うまく最大公約数 $d = 421$ が得られる．よって，因数分解

$$98093 = 421 \times 233$$

を得る．うまくいったのは，$421 - 1 = 420 = 2^2 \times 3 \times 5 \times 7$ と小さな素数の積に (偶然) なっていたからである．この B でうまくいかない場合は，$8!$ や $9!$ などを順に試してみるのである．コンピュータを使って数多く試してみればうまく素因子が見つかることもある，という方法である．

3. モンテ・カルロ法 (ρ 法)

1975 年にポラードによって考案された因数分解法である．実行していく道筋を描くとギリシャ文字の ρ のようになるので，ρ 法ともいう．

自然数 n の素因子 p を見つけたいとき，

$$a_0 = 1, \ a_{i+1} \equiv a_i^2 + 1 \pmod{n}$$

で次々に a_i を計算していく．

a_i を p で割った余りは

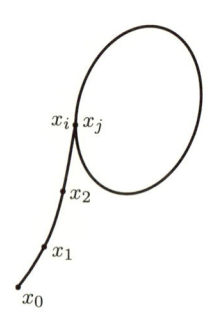

図7 ρ法

$$0, 1, 2, \cdots, p-1$$

の p 通りしかないので，鳩小屋の原理により，$a_0, a_1, \cdots, a_p$ の中に p で割った余りが同じものがある．つまり，i, j で

$$a_i \equiv a_j \pmod{p}$$

となるものがある．このとき

$$a_{i+1} \equiv a_i^2 + 1 \equiv a_j^2 + 1 \equiv a_{j+1} \pmod{p}$$

なので，a_i 以降は $k = j - i$ 周期であることが分かる．$i \leq k\ell$ となるような整数 $m = k\ell$ をとれば，周期性から

$$a_m \equiv a_{2m} \pmod{p}$$

となり，$a_{2m} - a_m$ は p を約数に持つ．このようにして，n と $a_{2m} - a_m$ の公約数として，n の真の約数が運がよければ求まるかもしれない．実際には p が分からないから m も分からない．したがって，s の小さい方から $a_{2s} - a_s$ と n との最大公約数を順に計算し，幸運を期待するのである．

例として $n = 35$ を考えよう．a_i を法 35 で計算すると，

$$a_0 = 1, \ a_1 = 2, \ a_2 = 5, \ a_3 = 26, \ a_4 = 12, \ \cdots,$$

となる．そこで，$a_4 - a_2 = 7$ と $n = 35$ の最大公約数を計算して 7 をうる．

よって，因数分解 $35 = 7 \times 5$ をうる．

4. 2次ふるい法

例で説明しよう．$n = 3937$ のとき，$\sqrt{3937}$ が自然数 63 に近いことを考慮して，次のような式

$$63^2 - n = 32 = 2^5$$
$$64^2 - n = 159 = 3 \times 53$$
$$65^2 - n = 288 = 2^5 \times 3^2$$
$$66^2 - n = 419$$
$$67^2 - n = 552 = 2^3 \times 3 \times 23$$

を考える．このとき，1番目の式と3番目の式をかけると

$$(63 \times 65)^2 \equiv (2^5 \times 3)^2 \pmod{n}$$

となる．一般に

$$x^2 - y^2 \equiv 0 \pmod{n}$$

なら，$(x-y)(x+y)$ は n で割り切れるから，うまくいけば $x-y$ と n に公約数があることが期待される．この原理を用いて，$63 \times 65 - 2^5 \times 3 = 3999$ と 3937 の最大公約数をユークリッドの互除法で計算して 31 をうる．よって，因数分解 $3937 = 31 \times 127$ をうる．

5. リュカ・テスト

メルセンヌ素数を判定するための便利な方法である．$2^n - 1$ の形の自然数が素数であるためには n が素数でなければならないことはすでに述べた．素数である n を p と書き，次の漸化式で定義される数列 $\{S_i\}$

$$S_1 = 4, \; S_{i+1} = S_i^2 - 2$$

を考える．このとき，$p \geq 3$ ならば

$$2^p - 1 \text{ が素数} \iff S_{p-1} \equiv 0 \pmod{2^p - 1}$$

となることが知られている．この素数判定を**リュカ・テスト**という．この判定法はコンピュータと相性がよく，したがって，$2^p - 1$ の形の自然数が素数判定の対象として選ばれ，そこから大きな素数が見つかっているのである．証明は長くなるので，参考文献 [4] に譲る．

この他にも，楕円曲線法や複数多項式 2 次ふるい法などの強力な自然数の因数分解法が知られている．また，ある自然数が素数かどうかを判定するだけならば，2002 年にアグラワル，カヤル，サクセナの 3 人のインドの研究者によって，理論的には高速な判定法が考案されている．

現在では，素数はデジタル通信のセキュリティーを守るための暗号理論に用いられている．2 つの大きな素数の積を用いて作られる RSA 暗号のことを耳にされたことのある読者もおられるであろう．このような形で，数学を用いて構成された理論が我々の日常生活に直接用いられているのである．

注 1. 時間が逆転しており，対偶になっていない．正確な対偶は「ご飯を食べれば (その前に) しかっている」である．

注 2. 1 個から 2 個の議論に移るとき，ここに書かれた論法が使えない．すなわち，n まで正しいと仮定して $n+1$ のときを示す，というところに，すべての n には通用しない論法が含まれている．

参考文献

[1] マーチン・ガードナー，野崎昭弘監訳『逆説の思考』(日経サイエンス社，1979)

[2] D. De Caen『Some problems that can be solved using the pigeonhole principle』(Queen's Mathematical Communicator, Queen's University, 1988)

[3] 高木貞治『初等整数論講義 (第 2 版)』(共立出版，1971)

[4] 和田秀男『コンピュータと素因子分解』(遊星社，1987)

無理数と初等幾何 — 通約可能性，作図可能性をめぐって —

栗原将人

§0　はじめに

　背理法とは，「結論を否定してそこから矛盾を導き出し，そのことによって最初の結論が正しかった」ことを示す論法である．特に不思議なものではなく，日常生活でも無意識に使っている．たとえば，ある人がどこかに傘を置き忘れてきたとする．そこに来るまでに店 A と店 B に寄り，A から B へ行くときは雨が降っていたから，A で忘れたということはなく B に忘れたに違いない，と推測した (仮に A に置き忘れたと仮定すると，A から B に行くときに雨が降っていたので傘を忘れたことに気づいたはずなのだが，気づかなかったわけだから A で忘れたはずはないと推測した) とすると，これでも立派に背理法を使ったことになる．

　もっとも日常では 100 パーセント正しい，ということはないから，上の傘の例のように「**推測**」になってしまう．それに反して，数学ではある命題は正しいか正しくないかのどちらかである．正しくないということの否定は正しいこと (**二重否定は肯定**) になる．これが日常の論理と数学の論理の違いで，背理法が疑問の余地のない証明方法として数学で使われるのは，この

　　A であるか A でないかのどちらかは必ず成り立つ (**排中律**とよばれる)

ということがあるからである．論理記号で書けば，

$$A \vee \neg A$$

である ($\vee$ は "または", $\neg$ は "でない" を意味する). なお, 排中律を否定する数学の話もあるのだが, ここでは扱わない.

しかし, この本を手に取った人の中には「そのような基本的な説明は分かっている. そうではなくてやっぱり心の中にすっきりしないものが残っているのだ」と考えている人がいるのではないか. たとえば, $\sqrt{2}$ が無理数だ, という例の有名な証明を見せられても, 論理的には分かるけれど何となくしっくりしない, と感じる人ではないか. 最初の §1, §2 は, そんな人のことを想像しながら書いていった.

この私の章では,「無理数であるということ」を少し深く掘り下げて考え, 古代ギリシア時代の**通約可能性**という概念と対応させて, §2 では "$\sqrt{2}, \sqrt{3}$ が無理数であること" に対応する概念を, 初等幾何的に (背理法を使って) 証明する. §3 では,「与えられた角度の 3 等分を定規とコンパスだけを用いて作図することはできない」(**角の 3 等分の不可能性**) ということに, きちんとした証明を与える. その過程で, どのようなものが作図できるのか, ということを詳しく考察する. そこで, 否定的結果だけでなく, 肯定的結果——**正 17 角形が定規とコンパスで作図可能である**という有名な事実——の証明も §4 で述べることにする (具体的には $\cos \dfrac{2\pi}{17}$ の正確な値を計算すると言ってもよい). ただ単に作図できる, というのではなく, 何故できるのか, ということがある程度理論的に分かるように, ガロア (Galois) 理論的な考え方も入れて説明した.

このシリーズの企画意図に従い, ここで扱うトピックは, ただのお話ではなく, 証明つきで述べていく. しかしながら適当に読み飛ばして進んでもらっても, もちろんかまわない. このようなことに興味のある中学生や高校生にも読めるように書いたつもりである (§3, §4 では高校程度の三角関数の知識が必要だが).

§1　$\sqrt{2}$ が無理数であること

1.1. 無理数であるということ

背理法が教科書に初めて登場する場面は，$\sqrt{2}$ が無理数である，というところだ．無理数とは何か？　定義は単に，有理数ではない数ということである．すなわち，$\dfrac{m}{n}$ (m, n は整数) という形に書けない数のことである．

無理数の定義がこのように「有理数でない」という否定で定義されているわけだから，ある数が無理数であることを証明する最も自然な手段は，その数が有理数だと仮定しておいて矛盾を導き出す，というもの，すなわち背理法なのである．同様に不可能性の証明にも，どうしても背理法を用いざるを得ない．たとえば，

任意に与えられた角度の 3 等分を定規とコンパスだけを用いて作図することはできない (角の 3 等分の不可能性)．

5 次方程式には根の公式が存在しない．

といった命題は背理法でないと証明できない．すなわち，定規とコンパスだけを用いて角の 3 等分が作図できたとして矛盾を導く (たとえば 20° が作図できたとして矛盾を導く) というのが上の最初の定理の証明方法である．このことについては，§3 できちんとした証明を与える．

1.2. $\sqrt{2}$ の無理性の証明

さて，$\sqrt{2}$ が無理数である，という命題につまずく人は，背理法ばかりにつまずいているのではない．無理数という概念につまずいている人が多いと思う．このことについては後で考察することにして，まず $\sqrt{2}$ が無理数であることの証明を見よう．

証明を始める前に，(偶数) × (整数) = (偶数) と (奇数) × (奇数) = (奇数)

に注意しておく．**背理法**できちんと証明する．$\sqrt{2}$ が有理数であると仮定して，$\sqrt{2} = \dfrac{m}{n}$ と書く．$\dfrac{m}{n}$ は既約分数の形に書いておくことにする．両辺を 2 乗して分母を払えば，

$$2n^2 = m^2 \tag{1}$$

となる．m^2 が偶数なので，証明の前に述べたことから m は偶数でなければならず，$m = 2r$ (r は整数) と書ける．したがって，$2n^2 = 4r^2$ つまり

$$2r^2 = n^2$$

となる．n^2 が偶数だから，再び証明の前に述べたことを使うと，n も偶数となり，m, n 共に偶数となって $\dfrac{m}{n}$ を既約分数にとったことに矛盾する．つまり，$\sqrt{2}$ は無理数である．

$\sqrt{2}$ が無理数であることは，ピタゴラス学派によって初めて発見されたが，パッポスによると，その証明は偶数・奇数論に基づいていたと言う．ということは，上と本質的に同じ証明だったにちがいない．

もう少しだけ手際のよい証明を与えよう．$\sqrt{2} = \dfrac{m}{n}$ と書けたとする (必ずしも既約分数と仮定しなくてよい)．このときやはり，

$$2n^2 = m^2$$

が得られるが，これは**素因数分解の一意性** (素因数分解のしかたは一通りであること) に反している．なぜなら，左辺の素因数分解には 2 のべきが奇数個出て来るが，右辺には偶数個しか出て来ないからである (n が何回 2 で割れるにせよ $2n^2$ は奇数個の 2 で割れ，m が何回 2 で割れるにせよ m^2 は偶数個の 2 で割れる)．こうして矛盾が得られ，$\sqrt{2}$ が無理数であることが分かる．

問題 1 正の整数 n, m に対して，n が m 乗元でない ($n = a^m$ なる整数 a が存在しない) とき，$\sqrt[m]{n}$ が無理数であることを上の $\sqrt{2}$ の無理性の 2 つ目の証明と同様にして証明せよ．特に $\sqrt[5]{2}, \sqrt[3]{16}$ などは無理数である．

§2 通約不能な数

2.1. 正方形の対角線は鉛筆で書けるか

上で見た $\sqrt{2}$ が有理数でないことの証明が何となくしっくりこない，という人は次のようなことを考えているのではないか．$\sqrt{2}$ が有理数でない数だ，ということは分かった．だが，有理数でない数，というがそんな数があるのか？そもそも数とは何か？ こういう問いに教科書はこう答える．

「実数は数直線上に並びます．数直線上の点と実数は 1 対 1 に対応し，一辺が長さ 1 の正方形の対角線は確かに存在しますから，その長さを数直線上に目盛れば，それが $\sqrt{2}$ です．つまり確かにそういう数は存在しているのです．その数が有理数ではない，ということを最初の命題は主張しているのです．」

今時これだけていねいに答えてくれる教科書はないかもしれない．それでもやっぱりしっくりこない．数を理解するために直線という幾何的イメージが必要なのか？ こんなことが気になる人には，微積分の本の最初のところに書いてある実数の定義を勉強するように，と薦めるのが普通である．Dedekind による切断というものを使って実数を定義する話や Cauchy 列というものによって実数を定義する話がある．このようにして，実数は数学的に厳密に定義される．もう少し進んだ位相空間論という数学では，完備化という話があって，そこではさらにきちんとした数学理論が展開される．もっともこれは，数学としてきちんとした理論，という意味である．だから，もし数学でない部分でつまずいているとすると，自分なりの解答を見つけるしかないかもしれない．

ここでは，このような普通の大学初年の教科書に書いてある話題には進まずに，このようなことが気にならない人に対しても疑問を提示する意味で，次のことを指摘しておく．

簡単のため鉛筆の線が炭素原子でできているとする．n 個の炭素原子を一列に並べた線分を書き，それを一辺とする正方形を書く．

このとき，たとえ n がどんなに大きな数であったとしても，この正方形の対角線に一列に炭素原子を並べることは絶対にできない．少し違う言葉で言え

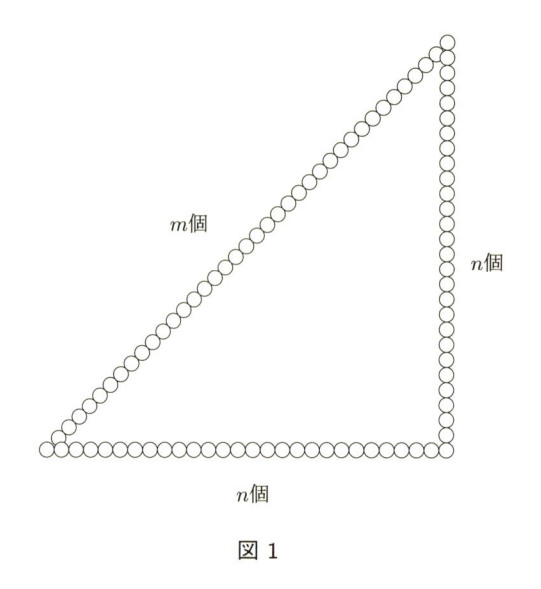

ば，対角線は鉛筆で書くことができない．というのは次のような理由である．仮にここで，炭素原子が一列に並んだものを線分と定義することにする．今，n 個の炭素原子を一列に並べた線分を書き，それを一辺とする正方形を書くと，(対角線の長さ) : (一辺の長さ) $= \sqrt{2} : 1$ であって，この比は整数を使って $m : n$ とは絶対に書けないのだから，m をどんなふうにとっても炭素原子 m 個を対角線に並べることはできない．つまり，炭素原子が並んだものが線分である，という定義だと対角線という線分が書けないことになる．

すべてのものがこれ以上分割不可能な原子からできている，という素朴な原子論が古代ギリシアで始まったことを思い出してみよう．こう考えてくれば，$\sqrt{2}$ の発見が，古代ギリシアにおいていかにショッキングなことであったかが実感できる．対角線の存在が認められる以上，線分がこれ以上分割不可能な原子からできている，という仮説は，上で述べたことにより成り立たないことが分かる (この推論も背理法と言えるだろう．しかしこれは数学の命題でないので，ここでは私は背理法に分類したくない．また，この仮説が成り立たないことが分かったのだから，上で述べたような線分は原子を並べたものであるとい

う定義は採用することをやめよう). 数学自体も危機に陥った. 実際, 比例論や図形の相似の理論は根本から作り直されることになった. 比例の理論は単純な整数比だけを対象としていたから, 2つの線分が等しい比を持つとはどういうことか, ということから定義し直さなければいけなくなった. ギリシア数学が数を離れて幾何の世界に埋没していくのは, この無理数の発見が主原因だったのである. というのは, 数の世界 (当時の人にとっては有理数の世界) には $\sqrt{2}$ などというものはないのに, 幾何学的線分では間違いなく $\sqrt{2}$ が存在するわけだから.

2.2. 通約可能性

2 つの量 a, b が**通約可能**であるとは, ある量 e と正の整数 m, n があって, $a = me, b = ne$ と書けていることを言う. 通約可能でないとき, **通約不能**であると言う. 上で見たように,

正方形の一辺とその対角線は通約不能

である. そして, このことは $\sqrt{2}$ が無理数であることと同値である (証明: もし通約可能であるとすると, (対角線の長さ) : (一辺の長さ) $= m : n$ と書けることになり, $\sqrt{2} : 1 = m : n$ となって, $\sqrt{2}$ が有理数ということになってしまう. このことは逆にもたどることができる. よって, 正方形の一辺と対角線が通約可能であることは, $\sqrt{2}$ が有理数であることと同値である. 両者の否定を取れば, 上に述べたことが得られる). そして, 古代ギリシアでは, $\sqrt{2}$ が無理数であることはこのように表現されたのである.

通約可能であることはどのように確かめられるか? 古代ギリシアにおける方法は互除法だった (桂さんの稿にあるユークリッドの互助法のことである). a, b という 2 つの正の量 (たとえば線分) が与えられたとする. このとき, 大きいほうから小さいほうを引く. こうして得られた第 3 の量と小さい量を比べて, また大きいほうから小さいほうを引く. この操作をずっと繰り返し, 2 つの量が等しくなったとき, この操作は終わった, ということにする. 有限回

の操作の後この操作が終わることを，a と b の**相互差し引きの操作が止まる**，とよぶことにする．

命題 2 a と b が通約可能であるためには，a と b の相互差し引きの操作が止まることが必要十分である．

上で $\sqrt{2}$ に対して述べたように，a と b が通約不能であることは，$\frac{a}{b}$ が無理数であることと同値である．したがって，上の命題によれば，$\frac{a}{b}$ が無理数であることを示すには，a と b の相互差し引きの操作が止まらないことを示せばよいことが分かる．

命題 2 の証明は簡単だが，きちんと証明しよう．

証明 まず，a と b が通約可能であるとする．したがって，$a = me, b = ne$ と書ける (m, n は自然数)．上の操作を繰り返して得られる量は e の自然数倍である．こうして，qe という量が次々に現れるが，q のところを見ると，真に減少する自然数になっている．自然数の世界では真に減少する数列は無限には続かないので，相互差し引きの操作は止まる．[$a = me, b = ne$ に対して，d を m, n の最大公約数とすると，この操作は de になったところで止まることに注意しておく．これがいわゆるユークリッドの互除法である．]

逆に相互差し引きの操作が止まるとする．最後に現れた量を e としよう．この操作というものは，a, b に対して，$a > b$ のとき $a - b$ と b を作り，$a = b$ のときは止まる，というものである．したがって，x と y を比べる 1 つ前の段階では，$x + y$ と y を比べていたか，x と $x + y$ を比べていたわけである．このように考えると，操作に現れたすべての量はこの e を足したり引いたりして得られるので，e の整数倍であることが分かる．特に a と b も e の整数倍であり，通約可能である．　□

2.3. $\sqrt{2}$ が無理数であることの初等幾何的証明

それでは，正方形の一辺と対角線が通約不能であることが上の方法で証明できるだろうか．もしできれば，上で述べたように，$\sqrt{2}$ が無理数であることの

図 2

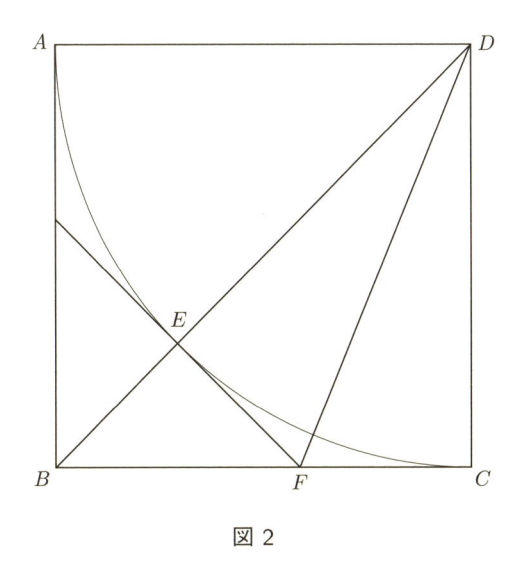

別証明も得られたことになる．初等幾何的にこのことを考えてみよう．

図 2 のような正方形 $ABCD$ を考える．正方形の一辺 AD と対角線 BD が通約不能であることを証明する．D を中心として半径が AD であるような円を書く．この円と BD の交点を E とする．AD と BD は BD の方が大きいから，この 2 つの量に上の操作を適用して得られる第 3 の量は線分 BE に他ならない．したがって，次は AD と BE を比べることになる．

明らかに AD の方が BE より大きいから，AD から BE を引きたい．点 E で円に接線を引き，その接線が BC と交わる点を F とする．EF は接線だから $\angle BEF$ は直角である．よって，$\angle EFB = \angle EBF = 45°$ となり，$BE = FE$ である．また，三角形 DFE と三角形 DFC は両者とも直角三角形で二辺が等しいから，合同である．したがって，$BE = FE = FC$ となる．したがって，AD, BE の大きいほうから小さいほうを引いた線分は BF に他ならない．したがって，次は BE と BF を比べる必要がある．

それでは BE と BF を比べよう．BF の方が大きいから BF から BE を引こう．とやってみようとすると，何か気づくことはないだろうか．三角形

BEF は直角二等辺三角形であり，BF は BE を一辺とする正方形の対角線に他ならないのである．したがって，この操作を続けても，2 回目には再び正方形の一辺と対角線が出てくる．このように，相互差し引きの操作は永久に終わらない．したがって，AD と BD は通約不能である．

問題 3 図 3 の三角形 ABC は $\angle B = \angle C = 72°$ の二等辺三角形である．B の二等分線が AC と交わる点を D とする．

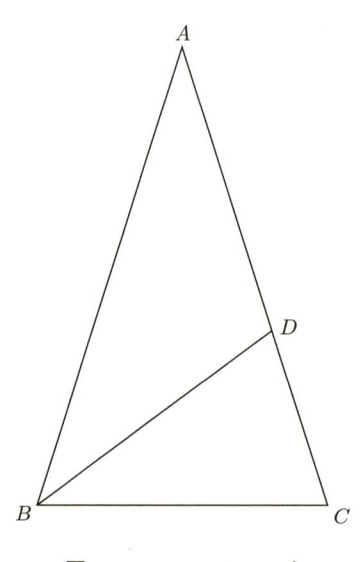

図 3　$\angle B = \angle C = 72°$

(1) 三角形 ABC と三角形 BCD が相似であることを使って，
$$AB : BC = \frac{1+\sqrt{5}}{2} : 1$$
であることを示せ (この比を**黄金比**という)．

(2) AB と BC は通約不能であることを初等幾何的に証明せよ (このように，黄金比が通約不能な量であるということの認識も $\sqrt{2}$ に劣らず歴史的に早かったと思われる)．

2.4. $\sqrt{3}$ と 1 が通約不能であることの初等幾何的証明

問題 3 は本質的に $\sqrt{5}$ が無理数であることを言っている．$\sqrt{3}$ を飛ばしてしまったので，このことの初等幾何的証明を考えてみたくなるのが人情と言うものだろう．そこで以下のような証明を考えてみた．$\sqrt{3}$ はもちろん正三角形の中に現れる．図 4 を考えよう．

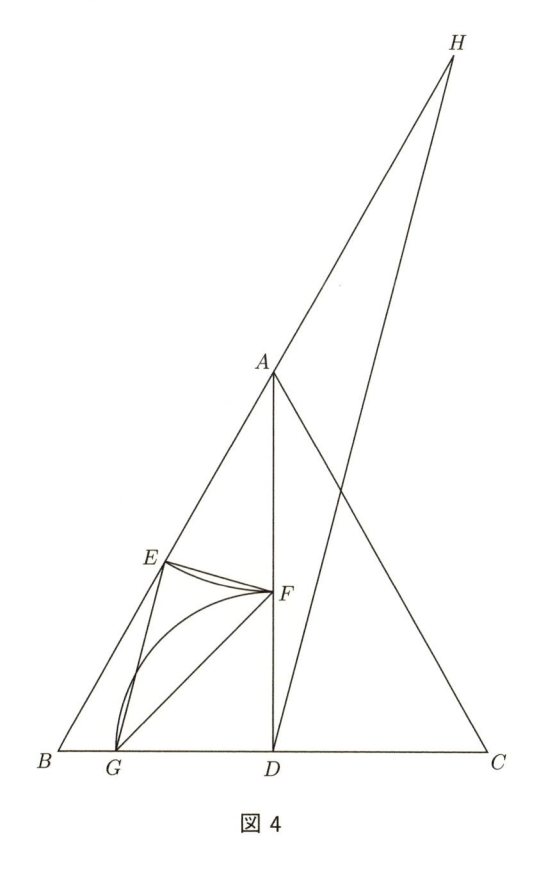

図 4

三角形 ABC は正三角形であり，点 A から BC に垂線 AD を引く．

証明したいことは AD と BD が通約不能である

ことである．$AD = \sqrt{3}BD$ だから，今まで述べてきた通り，上は $\sqrt{3}$ が無理数であることと同じであり，問題 1 のように証明してしまえば何の苦労もなく証明できることである．しかし，初等幾何的に扱うにはある程度の苦労がいる．

E を AB の中点とする．点 A を中心として点 E を通る円を書き，その円と AD との交点を F とする．構成から $BD = AE = AF$ である．AD と BD は AD の方が大きいから，AD から BD を引くと，得られる線分は FD となる．したがって，次は BD と FD を比べることになる．

BD は FD より大きいので，点 D を中心として点 F を通る円を書き，その円と BD の交点を G とする．BD から FD を引いたものは BG である．そこで，次に比べるべきは FD と BG である．

さて，三角形 AEF は二等辺三角形で頂角が $30°$ であるから，$\angle AFE = 75°$ である．また，同様にして $\angle DFG = 45°$ となる．したがって，$\angle EFG = 60°$ である．また，ED と AC は平行だから，$\angle EDB = 60°$ である．$\angle EFG = \angle EDG$ だから，E, F, D, G は同一円周上にある．よって，$\angle EGF$ と $\angle EDF$ は円周角で等しい．$\angle EDF = 30°$ なので，$\angle EGF = 30°$ である．

点 D から線分 GE に平行な直線を引き，線分 BA の延長との交点を H とする．$\angle CDH = \angle DGE = 45° + 30° = 75°$ だから，$\angle ADH = 15°$ となる．よって，$\angle AHD = \angle BAD - \angle ADH = 30° - 15° = 15°$ となり，三角形 ADH は二等辺三角形であることが分かった．特に，$AH = AD$ である．

さて，FD と BG を比べることに戻ろう．三角形 BGE と三角形 BDH は相似だから，$FD = GD$ と BG を比べることは，縮尺を変えれば EH と BE を比べることに等しい ($GD : BG = EH : BE$ である)．EH から BE を引くと，$EH - BE = EH - EA = AH = AD$ ができる．よって，次は BE と AD を比べなければならない．これは BD と AD を比べることと同じである．というわけで，元に戻ってしまった．ということは，相互差し引きの操作は永久に終わらない．ゆえに，AD と BD は通約不能である．

さて，上では操作を繰り返すと元の状態に戻ってしまい，結局この操作が終わらない，という状態が起こったが，これは 2 次の無理数に特有の現象であ

り, 連分数というものを使うと, もっとよく理解することができることに注意しておく.

もし通約不能性という性質を上のように初等幾何的にしかとらえられないと, 1つ1つの無理数に対してまったく違う証明を考えねばならず (上で $\sqrt{2}$ と $\sqrt{3}$ に対してまったく違う証明を与えたように!), 一般的な定理を導くことは非常な困難を伴うことになる. プラトンによると, キュレネのテオドロスは $\sqrt{3}, \cdots, \sqrt{17}$ の通約不能性を証明したが, そこで止まったという (参考文献 [1] 参照). そして, 平方数でない一般の n に対して $\sqrt{n}$ が通約不能であることを証明したのがテアイテトスであると言う. テオドロスの証明は上のような幾何的証明であり, それがゆえに一般化するのが困難だったと想像するのはどうだろうか. また, テアイテトスによる証明は, 問題1に近い議論を用いたものだったと推測してみるのはどうだろうか (あるいは具体的人名は別にして, このような数学の発展段階があったと考えるのはどうだろうか).

§3 角の 3 等分の不可能性

ギリシア数学について述べてきたが, ギリシア数学には三大難問とよばれる問題があり, その1つに

「与えられた角を定規とコンパスを使って 3 等分せよ」

という問題があった (残りの2つについては, 問題11を見よ). 与えられた角度を 2 等分する作図は現在でも中学校で習うものである (図 5 参照).

これを 3 等分にせよ, というのが問題である. まず注意すべきこととして, **どのような**角度でも 3 等分する一般的な方法を見つけよ, というのが問題である, ということだ. たとえば, 45° の 3 等分は 15° だから, 30° を 2 等分することで作ることができる (ちなみに, 30° が作図できるのは, 正三角形は作図できるからその角度 60° も作図でき, 30° は 60° の 2 等分で作ることができるからである). しかし, このように 45° という 1 つの角度だけ 3 等分しても問題に答えたことにはならない. どんな角度でも 3 等分する方法が聞かれているからだ. 一方, このような**方法は存在**しない, ということを証明する

図 5

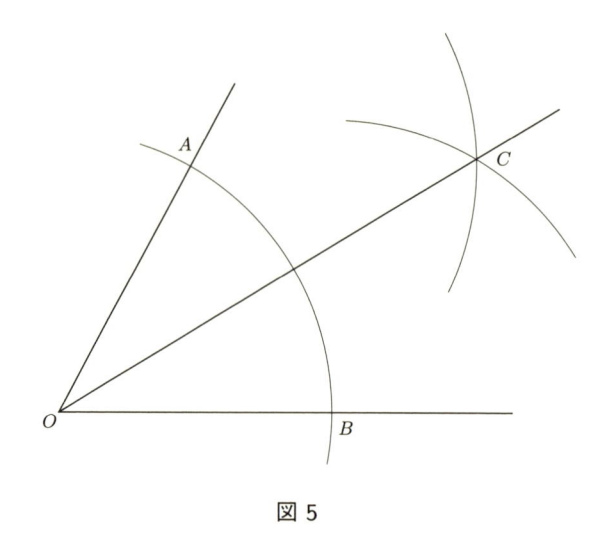

ためには，(上を否定するのだから) ある 1 つの角度，たとえば 60° が 3 等分できない，つまり 20° が定規とコンパスで作図できない，ということを証明すればよい．以下では 20° (弧度法で言えば $\frac{\pi}{9}$) が定規とコンパスでは作図できないことを正確に証明しよう．

3.1. 作図可能数

まず，定規とコンパスによって作図できることを考えてみよう．たとえば，与えられた長方形と同じ面積を持つ正方形を作図することができる (図 6)．

図のように長方形 $ABCD$ が与えられているとして，これと同じ面積を持つ正方形を作図する．点 A を中心とする半径 AD の円と AB の交点を E とする．EB を直径とする円 $\mathcal{C}$ を書き，円 $\mathcal{C}$ へ点 A から接線 AF を引けば，AF が求める正方形の一辺となる．というのは，方べきの定理により，

$$AF^2 = AE \cdot AB = AD \cdot AB$$

となるからである．接線を書く作図については図 7 の通り (G を中心とする円 $\mathcal{C}$ と点 A に対して AG を直径とする円を描き交点を F, F' とすると AF, AF' が $\mathcal{C}$ への接線となる)．

図 6

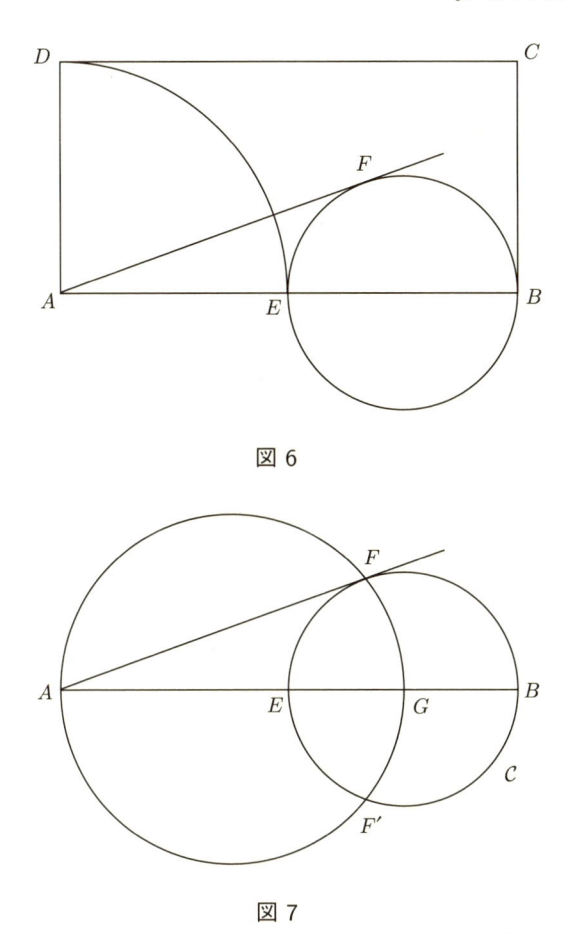

図 7

　上のような作図が初等幾何における典型的な作図だが，そもそも，定規とコンパスで作図できる，というのがどういうことか考えてみよう．定規とコンパスにそれぞれ許されるのは基本的に次の操作だけである．

● 2 点 A, B に対して，AB を結ぶ直線を書く．

● 2 点 A, B に対して，A を中心とし AB を半径とする円を書く．

　作図をしていくときには，与えられた図形から始めて，直線や円を書いて行くわけだが，直線も円も 2 点を使って書くわけだから，どのような点が作ら

れていったか，ということに着目すると，新しい点は必ず次の 3 通りのいずれかの方法で作られていくことになる．
- 直線と直線の交点
- 直線と円の交点
- 円と円の交点

そこで，以上のことを初等幾何ではなく，目盛りの入った座標平面で考えよう．

以下のように角度 θ が与えられているとする．

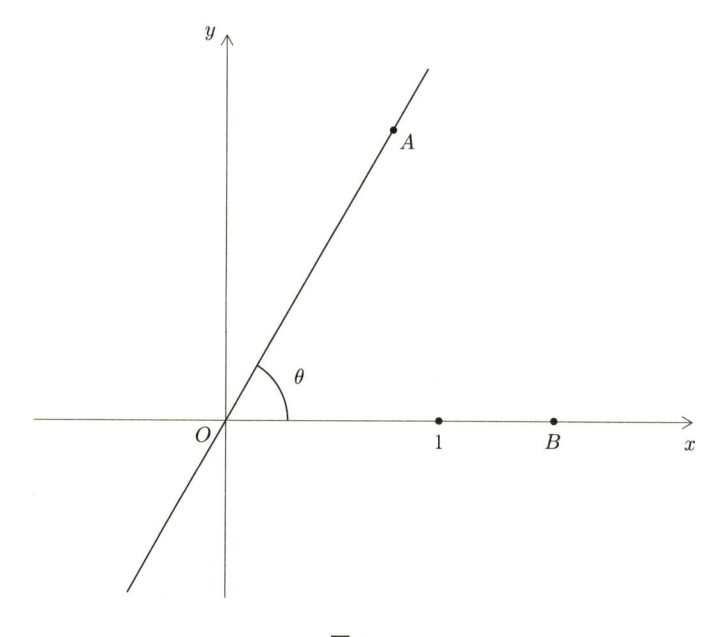

図 8

点 O を座標平面の原点に取ることにして，単位の長さ 1 は最初に与えられているとする．この角度を 3 等分することを考えよう．

最初に与えたこの角度が $60°$ であるとすると，線分 OA (を延長した直線) の方程式は $y = \sqrt{3}x$ であり，線分 OB (を延長した直線) の方程式は $y = 0$ である．

§3 角の 3 等分の不可能性 57

　初等幾何ではときどき，直線上に点を任意に取る，ということがあるが，このような点の座標の x 成分は必ず有理数でとることにする．

　これから円や直線を次々と描いて作図を進めて行くことにする．作図を進めて行くとき，円と円，円と直線，直線と直線の交点に現れる点を作図可能な点とよぶことにする．この作図可能な点 $P = (a, b)$ の x 座標，y 座標に現れる数 a, b はどのような数だろうか？

　今，点 (a, b) が作図可能な点だとすると，x 軸，y 軸に平行な直線は作図可能だから，$(a, 0)$ も $(0, b)$ も作図可能な点であることに注意しよう．当然このとき $(b, 0)$ も作図可能な点である．そこで x 軸上の 2 点 $(a, 0), (b, 0)$ を考える．このとき，$(a \pm b, 0)$ も作図可能な点になる．

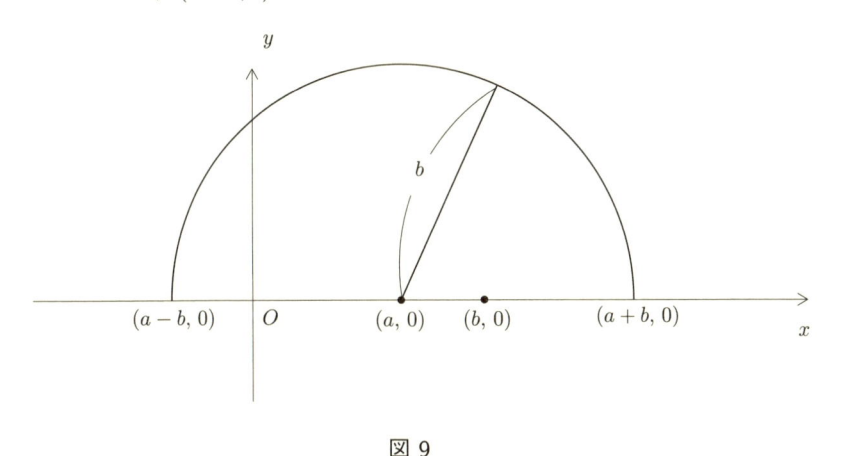

図 9

　$(ab, 0)$ も次のように考えれば，作図可能である $((0, 1)$ と $(a, 0)$ を結ぶ直線に平行に $(0, b)$ から直線を引き，x 軸との交点を考える)(図 10 参照，相似を考える)．

　$b \neq 0$ に対して，$\left(\dfrac{a}{b}, 0\right)$ も作図可能である $((0, b)$ と $(a, 0)$ を結ぶ直線に平行に $(0, 1)$ から直線を引き，x 軸との交点を考える)(図 11 参照)．

　また，一辺の長さが 1 と a の長方形は作図可能だから，この長方形と同じ面積を持つ正方形も，上に述べたことにより作図可能である．したがって，そ

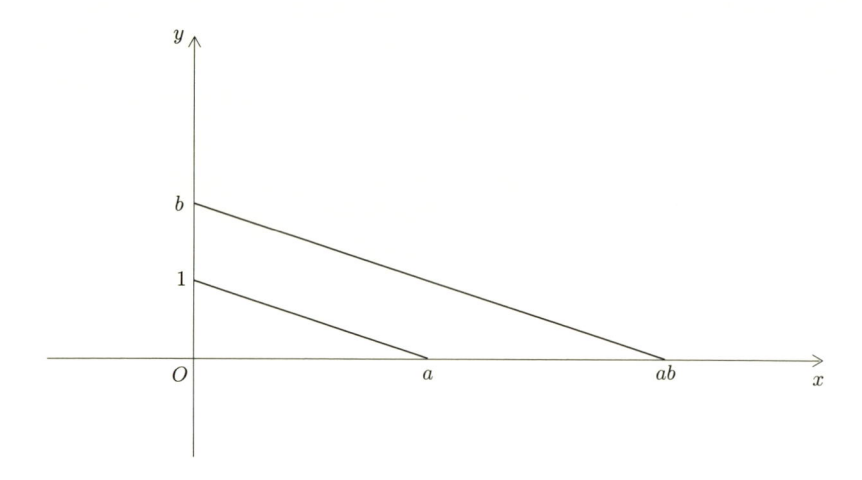

図 10

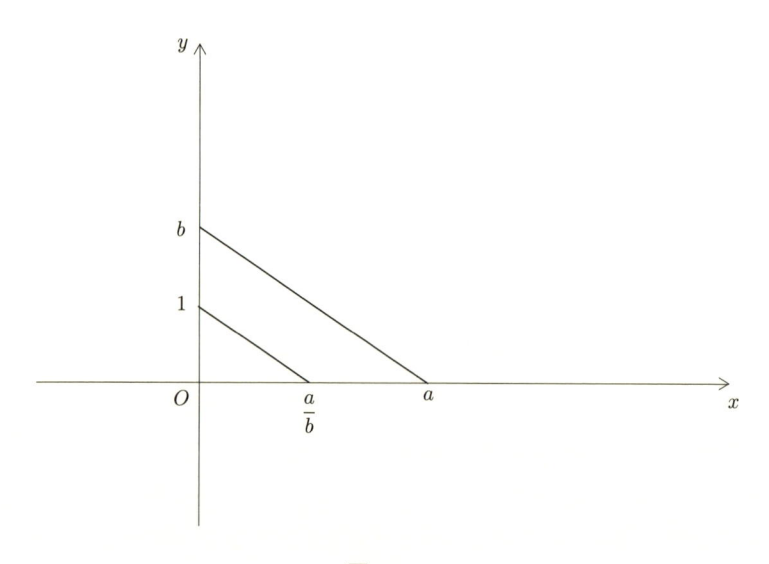

図 11

の一辺の長さ $\sqrt{a}$ も作図可能で，点 $(\sqrt{a}, 0)$ も作図可能である．

そこで以下，この章では，点 $P = (a, b)$ が作図可能な点のとき，a および b を **作図可能数** とよぶことにする．上で分かったことは，a, b が作図可能数であるとき，$a \pm b$, ab, $\dfrac{a}{b}$ (ただし $b \neq 0$), $\sqrt{a}$ が作図可能数であるということである．

逆に，一般的に新しい点を作図するときには，どのような点が現れるだろうか．

一般に，直線と直線の交点は次の型の連立方程式

$$\begin{cases} a_1 x + a_2 y + a_3 = 0 \\ b_1 x + b_2 y + b_3 = 0 \end{cases}$$

の解として求められる．同様に直線と円，円と円の交点も

$$\begin{cases} a_1 x + a_2 y + a_3 = 0 \\ (x - b_1)^2 + (y - b_2)^2 = b_3 \end{cases}$$

$$\begin{cases} (x - a_1)^2 + (y - a_2)^2 = a_3 \\ (x - b_1)^2 + (y - b_2)^2 = b_3 \end{cases}$$

の型の連立方程式を解いて求められることになる．上の連立方程式はどれも，1つの文字を消去すれば，未知数1つの2次以下の方程式となる．つまり，作図を行う過程で新しくできる点の座標は，必ず2次以下の方程式を解くことによって得られることになる．2次方程式は根の公式により $\sqrt{}$ さえあれば解けるわけだから，新しくできる作図可能数は，今まであった作図可能数から加減乗除と $\sqrt{}$ で作られることが分かる．また，作図可能数は以上の操作で得られるものに限ることも分かる．

まとめておこう．

命題 4 i) 1 は作図可能数である．

ii) a, b が作図可能数であるとき，$a \pm b$, ab は作図可能数である．

iii) a, b が作図可能数，$b \neq 0$ のとき，a/b は作図可能数である．

iv) $a > 0$ であり a が作図可能数であるとき，$\sqrt{a}$ は作図可能数である．

v) 以上の操作によって作られる数のみが作図可能数である．

3.2. 体

作図可能数全体は実数の部分集合になる．この集合を $\mathcal{K}$ と書こう．$\mathbf{Z}$ を整数全体の集合，$\mathbf{Q}$ を有理数全体の集合とすると，上の命題 4 の中の i), ii) から $\mathcal{K}$ は $\mathbf{Z}$ を含み，また iii) から $\mathbf{Q}$ も含む．

ここで現代数学の用語を 1 つだけ使うことにする．K が複素数の部分集合であり，

- i) $0, 1 \in K$
- ii) $a, b \in K$ ならば $a \pm b, ab \in K$
- iii) $a, b \in K, b \neq 0$ ならば $a/b \in K$

を満たすとき，K を**体** (field) であるという．[注意：本当は体という概念はもっと一般的な集合に対して定義される．すなわち，複素数の部分集合などという条件はつけずに，もっと一般的な状況で，すべて公理的に定義するのだが，ここでは上のような体だけを考えることにする．] すなわち，自分自身の中で加減乗除が自由にできる集合 (加減乗除で閉じている集合) を体とよぶのである．

たとえば，$\mathbf{Z}$ を整数全体の集合とすると，$\mathbf{Z}$ は条件 iii) を満たさない (たとえば，$a = 1, b = 2$ ととると条件を満たさない) ので，体ではない．有理数全体の集合 $\mathbf{Q}$ は体である．実数全体の集合 $\mathbf{R}$ も体である．複素数全体の集合 $\mathbf{C}$ も体である．また，作図可能数全体の集合 $\mathcal{K}$ も命題 4 から体になる．

もう少し体の例をあげよう．

$$\mathbf{Q}(\sqrt{2}) = \{a + b\sqrt{2} \mid a, b \in \mathbf{Q}\}$$

とおく．$\mathbf{Q}(\sqrt{2})$ は体である．条件 i), ii) が満たされていることはすぐに確かめられる．条件 iii) は有理化

$$\frac{a + b\sqrt{2}}{c + d\sqrt{2}} = \frac{ac - 2bd}{c^2 - 2d^2} + \frac{bc - ad}{c^2 - 2d^2}\sqrt{2}$$

から分かる ($\sqrt{2}$ は無理数だから右辺の分母は 0 にならない)．この体 $\mathbf{Q}(\sqrt{2})$ を有理数体 $\mathbf{Q}$ に $\sqrt{2}$ を添加して得られる体とよぶ．

この構成は次のようにもっと一般化される．K を体とし，$d \in K, \sqrt{d} \notin K$ なる数 d に対して，

$$K(\sqrt{d}) = \{a + b\sqrt{d} \mid a, b \in K\}$$

と定義する．上とまったく同じ理由により $K(\sqrt{d})$ は体になる．

3次の無理数についても考えてみよう．たとえば，$\sqrt[3]{2}$ を 2 の 3 乗根とする．$\sqrt[3]{2}$ が含まれる体には $(\sqrt[3]{2})^2$ も含まれなければならない．そこで，

$$\mathbf{Q}(\sqrt[3]{2}) = \{a + b\sqrt[3]{2} + c(\sqrt[3]{2})^2 \mid a, b, c \in \mathbf{Q}\}$$

とおく．この集合も体となる．条件 i), ii) が満たされていることはやはり簡単で，すぐに確かめられる．条件 iii) は今度は少し難しい．まず多項式について，次の補題を証明する．

補題 5 $a(x)$ を恒等的には 0 でない 2 次以下の有理数係数の多項式とする．このとき，$b_1(x)a(x) + b_2(x)(x^3 - 2) = 1$ を満たす有理数係数の多項式 $b_1(x)$, $b_2(x)$ が存在する．

証明 有理数係数の多項式の部分集合 $\mathcal{S}$ を

$$\mathcal{S} = \{b_1(x)a(x) + b_2(x)(x^3 - 2) \mid b_1(x), b_2(x) \text{ は有理数係数多項式}\}$$

で定義する．つまり，$\mathcal{S}$ は $b_1(x)a(x) + b_2(x)(x^3 - 2)$ (ここに $b_1(x), b_2(x)$ は有理数係数多項式) の型で書ける多項式全体の集合である．$1 \in \mathcal{S}$ が証明したいことである．$\mathcal{S}$ に含まれる 0 ではない多項式のうち，次数が最小のもの $c(x)$ を 1 つ取る．$c(x)$ の次数が 0，つまり定数であることを**背理法**で**証明す**る．$c(x)$ の次数が 1 以上であると仮定する．多項式 $c(x)$ に対して，その次数を $\deg c(x)$ と書くことにする．$\mathcal{S}$ には $a(x)$ が入っている ($b_1(x) = 1$, $b_2(x) = 0$ ととれば $a(x) \in \mathcal{S}$ が分かる) ので，$\deg c(x)$ が最小であることから

$$\deg c(x) \leq \deg a(x) \leq 2$$

であり，$\deg c(x)$ は 1 か 2 である．$x^3 - 2$ を $c(x)$ で割って，

$$x^3 - 2 = c(x)q(x) + r(x)$$

と書こう．ここに，$q(x), r(x)$ は有理数係数多項式で，$\deg r(x) < \deg c(x)$ で

ある．$x^3 - 2$ は有理数の範囲でこれ以上因数分解できないから，2 次以下の多項式 $c(x)$ では割り切れず，したがって $r(x) \neq 0$ であることに注意しよう．さて一方，$\mathcal{S}$ には $x^3 - 2$ も入っている ($b_1(x) = 0, b_2(x) = 1$ ととれば $x^3 - 2 \in \mathcal{S}$ が分かる) ので，$r(x) = (x^3 - 2) - c(x)q(x)$ と考えると $r(x) \in \mathcal{S}$ である．しかし，$\deg r(x) < \deg c(x)$ だから，$\mathcal{S}$ に入る多項式の中で，$\deg c(x)$ が最小であったことにこれは矛盾している．以上のように矛盾が出てきたので，背理法により，$\deg c(x) = 0$ である．

つまり $c(x)$ は定数であり，$c(x) = c$ (c は 0 でない有理数) と書けている．$c \in \mathcal{S}$ より $c = b_1(x)a(x) + b_2(x)(x^3 - 2)$ と書けているので，
$$1 = \frac{1}{c}b_1(x)a(x) + \frac{1}{c}b_2(x)(x^3 - 2)$$
となる．□

$\mathbf{Q}(\sqrt[3]{2})$ が体であることの証明に戻る．$\mathbf{Q}(\sqrt[3]{2})$ の 2 つの元 $a_1 + b_1\sqrt[3]{2} + c_1(\sqrt[3]{2})^2$, $a_2 + b_2\sqrt[3]{2} + c_2(\sqrt[3]{2})^2 (\neq 0)$ に対して，
$$\frac{a_1 + b_1\sqrt[3]{2} + c_1(\sqrt[3]{2})^2}{a_2 + b_2\sqrt[3]{2} + c_2(\sqrt[3]{2})^2} \in \mathbf{Q}(\sqrt[3]{2})$$
を示せばよい．

$a(x) = a_2 + b_2 x + c_2 x^2$ とおき，上の補題 5 を使って，
$$b_1(x)a(x) + b_2(x)(x^3 - 2) = 1$$
を満たす有理数係数の多項式 $b_1(x), b_2(x)$ をとる．この式に $x = \sqrt[3]{2}$ を代入すれば，
$$b_1(\sqrt[3]{2})a(\sqrt[3]{2}) = 1$$
であり，
$$\frac{a_1 + b_1\sqrt[3]{2} + c_1(\sqrt[3]{2})^2}{a_2 + b_2\sqrt[3]{2} + c_2(\sqrt[3]{2})^2} = b_1(\sqrt[3]{2})(a_1 + b_1\sqrt[3]{2} + c_1(\sqrt[3]{2})^2)$$
が得られる．$b_1(\sqrt[3]{2})$ も $a_1 + b_1\sqrt[3]{2} + c_1(\sqrt[3]{2})^2$ も $\mathbf{Q}(\sqrt[3]{2})$ の元だから，上の式の右辺は確かに $\mathbf{Q}(\sqrt[3]{2})$ の元である．

3.3. 体の次元

以上のように，われわれは $\mathbf{Q}(\sqrt{2})$ や $\mathbf{Q}(\sqrt[3]{2})$ という体の例を得た．次に**次元**という概念を定義したい．簡単に言ってしまえば，$\mathbf{Q}(\sqrt{2})$ は 2 つの数 $1, \sqrt{2}$ でできているので 2 次元，$\mathbf{Q}(\sqrt[3]{2})$ は 3 つの数 $1, \sqrt[3]{2}, (\sqrt[3]{2})^2$ でできているので 3 次元である．もっと正確に定義しよう．

K と L を体，$K \subset L$ とする．L の元 $e_1, \cdots, e_n$ があって，L の任意の元 x が

$$x = a_1 e_1 + a_2 e_2 + \cdots + a_n e_n \quad (a_1, \cdots, a_n \in K)$$

と書くことができ，しかもこの表示が一通りであるとき (つまり，

$$x = a_1 e_1 + \cdots + a_n e_n = b_1 e_1 + \cdots + b_n e_n$$

と書けたとすると，$a_1 = b_1, \cdots, a_n = b_n$ が成り立つということ)，$e_1, \cdots, e_n$ を L の K 上の**基底**といい，L は K 上 n **次元**であるという．K, L に対して，基底のとり方はいろいろあるが，次元の概念はきちんと定義される．つまり，どのような基底を取っても，その数 n は変わらない．L の K 上の次元を $[L:K]$ で表す．以上の概念は線型代数の概念であって，もし読者が線型代数を知っているなら，L を K ベクトル空間と考えての基底，次元ということである．

たとえば，$1, \sqrt{2}$ は確かに $\mathbf{Q}(\sqrt{2})$ の $\mathbf{Q}$ 上の基底である．もっと一般に，体 K に対し，$d \in K$ を $\sqrt{d} \notin K$ を満たす数とするとき，$1, \sqrt{d}$ は $K(\sqrt{d})$ の K 上の基底である．定義から $K(\sqrt{d})$ の元はすべて $a + b\sqrt{d}$ $(a, b \in K)$ の型に書けるし，この表示は一意的だからである．[一意的であることの証明：$a_1 + a_2\sqrt{d} = b_1 + b_2\sqrt{d}$ $(a_1, a_2, b_1, b_2 \in K)$ であるとする．**背理法**で示す．$a_2 \neq b_2$ であると仮定すると，$\sqrt{d} = (b_1 - a_1)/(a_2 - b_2)$ となり，$\sqrt{d} \in K$ となるが，これは $\sqrt{d} \notin K$ に矛盾する．よって，背理法により $a_2 = b_2$ である．上の式に代入すれば，$a_1 = b_1$ も得られる．]

また，$1, \sqrt[3]{2}, (\sqrt[3]{2})^2$ は $\mathbf{Q}(\sqrt[3]{2})$ の $\mathbf{Q}$ 上の基底である．これも証明しよう．すべての $\mathbf{Q}(\sqrt[3]{2})$ の元は $a + b\sqrt[3]{2} + c(\sqrt[3]{2})^2$ の型に一通りに書けることを証明すればよい．

$a_1 + a_2\sqrt[3]{2} + a_3(\sqrt[3]{2})^2 = b_1 + b_2\sqrt[3]{2} + b_3(\sqrt[3]{2})^2$ であると仮定する.

$$f(x) = a_1 - b_1 + (a_2 - b_2)x + (a_3 - b_3)x^2$$

とおく. 仮定によって $f(\sqrt[3]{2}) = 0$ である. しかし, 以下に示すように, $\sqrt[3]{2}$ を解にもつ方程式の次数は 3 以上でなければならない. よって, $f(x)$ は恒等的に 0 であり, $a_1 - b_1 = a_2 - b_2 = a_3 - b_3 = 0$, つまり $a_1 = b_1, a_2 = b_2, a_3 = b_3$ である.

有理数係数の 0 でない多項式 $g(x)$ で, $g(\sqrt[3]{2}) = 0$ を満たすものをすべて考え, $\deg g(x)$ の最小値を m とする. $m = 3$ であることを証明する. まず, $x^3 - 2$ は $\sqrt[3]{2}$ を解に持つので, $m \le 3$ である. $m = 3$ であることを**背理法**で示す. $m < 3$ であると仮定し, $\deg h(x) = m$, $h(\sqrt[3]{2}) = 0$ なる多項式 $h(x)$ を取る. $x^3 - 2$ は有理数係数多項式の範囲ではこれ以上因数分解されないので, $m < 3$ より, $x^3 - 2$ は $h(x)$ で割り切れない. そこで,

$$x^3 - 2 = h(x)q(x) + r(x)$$

$\deg r(x) < \deg h(x) = m$, $r(x) \ne 0$ なる多項式 $q(x), r(x)$ が取れるが, 上の式は $r(\sqrt[3]{2}) = 0$ を導くので, これは m の最小性に矛盾している. 以上により, $m = 3$ である.

このようにして, $1, \sqrt[3]{2}, (\sqrt[3]{2})^2$ が $\mathbf{Q}(\sqrt[3]{2})$ の $\mathbf{Q}$ 上の基底であることが分かる. よって, 特に $[\mathbf{Q}(\sqrt[3]{2}) : \mathbf{Q}] = 3$ である.

この証明方法はもっと一般の場合にも適用可能である.

命題 6 $g(x)$ を n 次式で, 有理数係数の範囲ではこれ以上因数分解されないとする (このような多項式を **$\mathbf{Q}$ 上既約な多項式**とよぶ). α を $g(x)$ の解の 1 つとして,

$$\mathbf{Q}(\alpha) = \{a_0 + a_1\alpha + \cdots + a_n\alpha^{n-1} \mid a_1, \cdots, a_n \in \mathbf{Q}\}$$

とおくと, $\mathbf{Q}(\alpha)$ は体であり, $[\mathbf{Q}(\alpha) : \mathbf{Q}] = n$ が成り立つ.

問題 7 次の方針により上の命題を証明せよ.
(1) 補題 5 と同じ方法で $n-1$ 次以下の 0 でない有理数係数多項式 $a(x)$

に対して, $b_1(x)a(x)+b_2(x)g(x)=1$ を満たす有理数係数の多項式 $b_1(x), b_2(x)$ が存在することを証明せよ.

(2) (1) を使って, $\mathbf{Q}(\alpha)$ が体であることを証明せよ.

(3) 有理数係数の 0 でない多項式 $h(x)$ で, $h(\alpha)=0$ を満たすものをすべて考え, $\deg h(x)$ の最小値を m とする. このとき, $m=n$ であることを証明せよ.

(4) $\sqrt[3]{2}$ に対して行ったのと同じ方法で, (3) を使うことにより, $1, \alpha, \cdots, \alpha^{n-1}$ が $\mathbf{Q}(\alpha)$ の $\mathbf{Q}$ 上の基底であることを証明し, $[\mathbf{Q}(\alpha):\mathbf{Q}]=n$ を結論せよ.

体の次元に関して次の命題を後で用いる.

命題 8 K, M, L を体とし, $K \subset M \subset L$ であり, $[M:K]=m, [L:K]=n$ とする. このとき, $[L:K]=mn$ である.

証明 $e_1, \cdots, e_m$ を M の K 上の基底, $f_1, \cdots, f_n$ を L の M 上の基底とする. このとき, $e_1f_1, \cdots, e_mf_1, e_1f_2, \cdots, e_mf_2, \cdots, e_1f_n, \cdots, e_mf_n$ は L の K 上の基底になる. なぜなら, まず $\{e_if_j\}$ と K の元を使って L の元が表せることはすぐに分かる. その表し方が一通りであることも簡単に分かる. というのは, $\Sigma_{i,j}a_{ij}e_if_j = \Sigma_{i,j}b_{ij}e_if_j$ であるとすると, $\{f_j\}$ が基底であることから, (すべての j に対して) $\Sigma_i a_{ij}e_i = \Sigma_i b_{ij}e_i$ となるが, $\{e_i\}$ が基底だからさらに (すべての i,j に対して) $a_{ij}=b_{ij}$ となるからである. □

§3.2 の最初で定義した作図可能数全体がなす体 $\mathcal{K}$ は $\mathbf{Q}$ 上無限次元の体である. この意味で上に出てきた $\mathbf{Q}(\sqrt{2})$ や $\mathbf{Q}(\sqrt[3]{2})$ のような体より難しい. しかし $\mathcal{K}$ の元については次のように言いかえができる. $\alpha \in \mathcal{K}$ であるとする. すなわち, もし α が作図可能数であるとすると, 命題 4 の通りに, 加減乗除と $\sqrt{}$ によって, 一歩一歩 α という数は作られるわけだから, 体の列

$$\mathbf{Q}=K_0 \subset K_1 \subset \cdots \subset K_n$$

で,

$$K_1 = K_0(\sqrt{d_1}), K_2 = K_1(\sqrt{d_2}), \cdots, K_n = K_{n-1}(\sqrt{d_n})$$

(n はある正整数, d_1 は K_0 のある元で $\sqrt{d_1} \notin K_0$ なもの, d_2 は K_1 のある元で $\sqrt{d_2} \notin K_1$ なもの, $\cdots$, d_n は K_{n-1} のある元で $\sqrt{d_n} \notin K_{n-1}$ なもの)

が存在して,

$$\alpha \in K_n$$

となっている. 逆にこのような K_n の元は命題 4 により作図可能数である. このような体の列の具体例については, §4 の最後にある $\cos\left(\dfrac{360°}{17}\right)$ を構成するときの体の列を参考にしてほしい.

3.4. 不可能性

いよいよ §3 の目的である次の定理を証明しよう.

定理 9 与えられた角の 3 等分を, 定規とコンパスだけを使って作図することはできない. より具体的に, $60°\left(=\dfrac{\pi}{3}\right)$ の 3 等分である $20°\left(=\dfrac{\pi}{9}\right)$ を作図することはできない.

もし $20°$ が作図可能なら, 次の図のように $\cos 20°$ は作図可能数になる. そこで, $20°$ が作図不可能であることを証明するには次の定理を証明すればよいことになる.

定理 10 $\cos 20°$ は作図可能数ではない. すなわち, $\cos 20° \notin \mathcal{K}$ である.

定理 10 を証明しよう. **背理法で証明する**. $\cos 20° \in \mathcal{K}$ と仮定する. 上で述べた命題 4 の体の列を用いた言い換えにより, 体の列

$$\mathbf{Q} = K_0 \subset K_1 \subset \cdots \subset K_n$$

で, $K_1 = K_0(\sqrt{d_1})$ ($d_1 \in K_0$, $\sqrt{d_1} \notin K_0$), $K_2 = K_1(\sqrt{d_2})$ ($d_2 \in K_1$, $\sqrt{d_2} \notin K_1$), $\cdots$, $K_n = K_{n-1}(\sqrt{d_n})$ ($d_n \in K_{n-1}$, $\sqrt{d_n} \notin K_{n-1}$) かつ

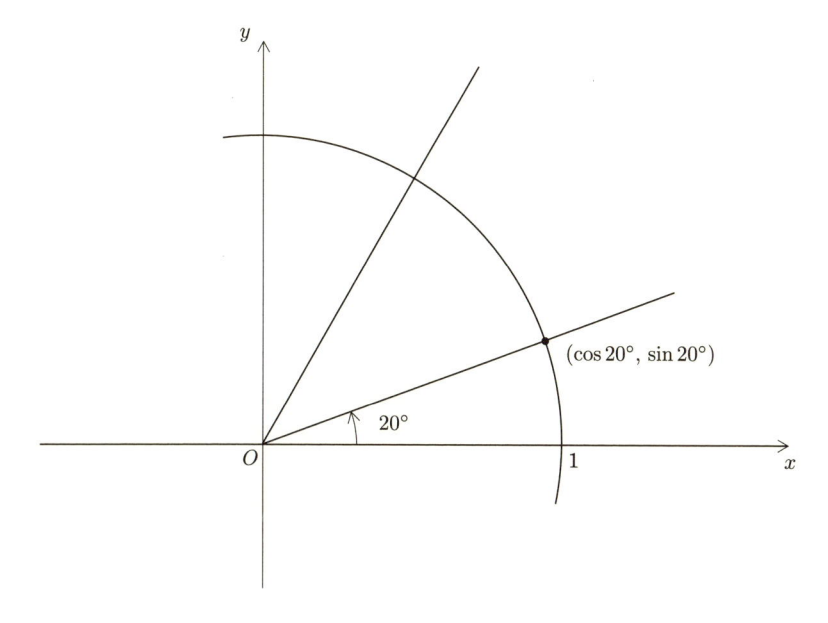

図 12

$$\cos 20° \in K_n$$

を満たすものが存在する．

一方，$\cos 20°$ は 3 倍角の公式から

$$4x^3 - 3x = \cos(60°) = \frac{1}{2}$$

の解であり，つまり

$$8x^3 - 6x - 1 = 0$$

の解である．この方程式は因数分解されるとすると (1 次式) × (2 次式) となるはずだが，因数定理を使って試してみれば，この式は有理数の範囲に 1 次因子 (この式を割る 1 次式) を持たない [$x = \pm\frac{1}{c}$ (c は 8 の約数) がこの式の解かどうかを調べればよいが，これらは解ではない]．よって，この式は有理数係数の範囲ではこれ以上因数分解できない．したがって，命題 6 が適用できて，

$$[\mathbf{Q}(\cos 20°) : \mathbf{Q}] = 3$$

である．ちなみに，3 倍角の公式を考えると上の方程式は実数の範囲で

$$8x^3 - 6x - 1 = 8(x - \cos 20°)(x - \cos 100°)(x - \cos 140°)$$

と因数分解されている．

K_n の $\mathbf{Q}$ 上の次元を考えよう．命題 8 を上の体の列に対してくりかえし使えば，

$$[K_n : \mathbf{Q}] = 2^n$$

が分かる．一方，$\mathbf{Q}(\cos 20°) \subset K_n$ から，$[K_n : \mathbf{Q}(\cos 20°)]$ を考えることもでき，$[K_n : \mathbf{Q}(\cos 20°)] = m$ とおくと，再び命題 8 により，

$$[K_n : \mathbf{Q}] = 3m$$

となる．これは

$$2^n = 3m$$

を導くが，素因数分解の一意性に矛盾する！以上により，$\cos 20° \notin \mathcal{K}$ が証明された．

§1 の 1.2 で見た $\sqrt{2}$ が無理数であることの 2 つ目の証明も，素因数分解の一意性を用いた．上の角の 3 等分の作図不能性の証明の構造は，ある意味でこの $\sqrt{2}$ の無理性の証明に似ている，と言ってよいと思う．無理数の発見と，作図可能性を上のように代数的にとらえることは，共に数学の新局面を切り開く端緒になったわけだが，このことも似ている．なお，5 次方程式に根の公式が存在しない，ということの証明は，上の作図不能性の証明と類似した方法 (このときも体の列を考える；ただし上よりはもっと複雑) で (背理法により) 証明されるのである．

問題 11 (1) ギリシア数学の三大難問の 2 つ目は

「与えられた立方体の 2 倍の体積を持つ立方体の一辺の長さを作図せよ」

という問題である．上と同様の議論により，この作図が不可能であることを証明せよ．

(2) ギリシア数学の三大難問の最後の 1 つは

「与えられた円と同じ面積を持つ正方形を作図せよ」

である．円周率 π が超越数である (どんな有理数係数の方程式の解にもならない) ことを用いて，上と同様の議論により，この作図が不可能であることを証明せよ．

§4 正 17 角形の作図

§3 では「作図できない」ということを証明した．この節では，「作図できる」という肯定的結果について述べたい．正 17 角形が定規とコンパスで作図可能である，ということは，若干 18 歳のガウス (C.F.Gauss) によって発見された有名な結果である．ここでは，前節の議論を使い，またガロア理論的な考え方も使って，この有名な定理を証明しようと思う．ただ証明するだけではなく，なぜ可能なのかということが原理的に分かるように，話を進めて行きたい．正 17 角形の作図の話は，その背後にある理論もこめて，有名なガウスの本「数論考究」で詳しく展開されている．ガロアはガウスの本を熱心に勉強しており，歴史的にいうと，正 17 角形の話はガロアが自分の理論を作るときのヒントになったものと思われる．

§3 で述べたことによれば，正 17 角形が作図可能であることを証明するには，360°/17 という角度が作図可能であること，よって $\cos \dfrac{360°}{17}$ が作図可能数であることを証明すればよい．以下では，

$$\theta = \frac{360°}{17} \left(= \frac{2\pi}{17} \right)$$

とおく．

4.1. 根の間の置換

ガロアの理論の本質的なところは方程式の根の間の置換を考えることである．

普通は 1 の冪根を使うのだが，ここでは $\cos\theta$ (θ は上の通り) を使うことにする．$\cos\theta$ を解に持つ方程式を以下のように作る．$\theta = \dfrac{2\pi}{17}$ から，$\cos 8\theta = \cos(2\pi - 9\theta) = \cos 9\theta$ となる．倍角公式を何度も使って $\cos 8\theta, \cos 9\theta$ を $\cos\theta$ で表す．$x = \cos\theta$ とおくと，$\cos 9\theta - \cos 8\theta = 0$ から $x = \cos\theta$ の 9 次式

$$256x^9 - 128x^8 - 576x^7 + 256x^6 + 432x^5 - 160x^4 - 120x^3 + 32x^2 + 9x - 1 = 0$$

が得られる．この 9 次式は $x = 1$ を解に持つので，上の 9 次式を $x - 1$ で割った 8 次式

$$256x^8 + 128x^7 - 448x^6 - 192x^5 + 240x^4 + 80x^3 - 40x^2 - 8x + 1 = 0 \tag{2}$$

を考えよう．$\cos\theta$ はこの 8 次式の解である．なお，この方程式は

$$z = \cos\theta + i\sin\theta$$

とおき，$(z^{17} - 1)/(z - 1) = 0$ を $x = \dfrac{1}{2}(z + z^{-1})$ を使って変形しても出てくる．この式の正確な形は今，必要ではない．ただ，$K = \mathbf{Q}(\cos\theta)$ が $\mathbf{Q}$ 上 8 次の体になること (命題 6 参照) に注意しておく．

さて，整数 n が動くとき，$\cos n\theta$ は $\cos 0 = 1, \cos\theta, \cos 2\theta, \cdots, \cos 8\theta$ と全部で 9 つの値をとる．1 を除いた 8 つの値が上の 8 次式 (2) の 8 つの解である．以下で行いたいことは，§2.3 に登場した体の列

$$\mathbf{Q} = K_0 \subset K_1 \subset K_2 \subset K_3 = K$$

で，$[K_1 : \mathbf{Q}] = [K_2 : K_1] = [K_3 : K_2] = 2$ となるものを**具体的に作り**，このことから $\cos\theta$ が作図可能数であることを示すことである．

$n = 1, 2, 3, \cdots, 8$ として，写像

$$\varphi_n : \mathbf{Q}(\cos\theta) \longrightarrow \mathbf{Q}(\cos\theta)$$

を

$$\varphi_n \left(\sum_{i=0}^{7} a_i \cos^i \theta \right) = \sum_{i=0}^{7} a_i \cos^i n\theta \quad (a_i \text{ は有理数})$$

で定義する．φ_n は

$$\varphi_n(\cos \theta) = \cos n\theta$$

と

$$\varphi_n(x+y) = \varphi_n(x) + \varphi_n(y),$$
$$\varphi_n(xy) = \varphi_n(x)\varphi_n(y)$$

を満たす写像である．また，任意の整数 m に対して，$\cos m\theta$ は $\cos\theta$ の多項式だから，

$$\varphi_n(\cos m\theta) = \cos nm\theta$$

も成り立つことに注意しておく．

4.2. 中間の体 K_2

まず，φ_1 を考える．φ_1 はすべての元を動かさない．このような写像を恒等写像とよび，id で表す．つまり，$\varphi_1 = id$ である．

次に，φ_4 を考える．φ_4 を 2 回続けて行うと，

$$\varphi_4(\varphi_4(\cos\theta)) = \varphi_4(\cos 4\theta) = \cos 16\theta = \cos(-\theta) = \cos\theta$$

となる．また，$\varphi_4(\varphi_4(\cos^i \theta)) = \cos^i \theta$ も成り立ち，φ_4 を 2 回続けて行ったものは恒等写像となる．φ_4 を 2 回続けて行ったもの $\varphi_4 \circ \varphi_4$ を $(\varphi_4)^2$ と書くと，写像としての等号

$$(\varphi_4)^2 = id$$

が得られる．

今，K_2 を K の元で φ_4 で動かないもの全体とする．すなわち，

$$K_2 = \{x \in K \mid \varphi_4(x) = x\}$$

とおく．φ_4 は $\varphi_4(x+y) = \varphi_4(x) + \varphi_4(y)$, $\varphi_4(xy) = \varphi_4(x)\varphi_4(y)$ を満たすの

で，K_2 は体となることが分かる．

　一般に，$f(x+y) = f(x) + f(y), f(xy) = f(x)f(y), f(1) = 1$ を満たす体 F から F への写像 f を F の**共役写像**，さらに f が $f \neq id, f^2 = id$ となるときに f は**位数 2 の共役写像**であるという．一般に，位数 2 の共役写像があれば，F' を $f(x) = x$ を満たす F の元全体の集合と定義することによって，

$$[F : F'] = 2$$

なる体 $F' \subset F$ を作ることができる．ここでは，$[F : F'] = 2$ であることの一般的な証明は与えないが，われわれの場合，$[K : K_2] = 2$ であることは次のようにして分かる．

$$\alpha = \cos\theta + \cos 4\theta, \quad \beta = (\cos\theta)(\cos 4\theta)$$

とおくと，$\cos\theta$ は $x^2 - \alpha x + \beta = 0$ の解であるが，$\varphi_4(\cos\theta) = \cos 4\theta$, $\varphi_4(\cos 4\theta) = \cos\theta$ であるから，$\varphi_4(\alpha) = \alpha, \varphi_4(\beta) = \beta$ なので $\alpha, \beta \in K_2$ となっている．よって，

$$K = \mathbf{Q}(\cos\theta) = K_2(\cos\theta) = K_2(\sqrt{\alpha^2 - 4\beta})$$

であり，$[K : K_2] = 2$ である．一般の状況でも，上に書いたようにすれば，次元 $[F : F']$ を計算するだけでなく，もっと具体的に，任意の $a \in F$ に対して，a を解に持つ F' 係数の 2 次方程式が作れることに注意しよう．すなわち，$\alpha = a + f(a), \beta = af(a)$ とおき，$x^2 - \alpha x + \beta = 0$ を考えればよいのである．このことは，これから何度も使うことになる．

　われわれの状況に戻ろう．上で述べた 2 次方程式 $x^2 - \alpha x + \beta = 0$ により，α, β が分かれば，この方程式を解いて $\cos\theta$ が分かる．そこで，改めて

$$A = \cos\theta + \cos 4\theta (= \alpha)$$

$$B = \cos 2\theta + \cos 8\theta$$

$$C = \cos 3\theta + \cos 5\theta$$

$$D = \cos 6\theta + \cos 7\theta$$

とおこう．$\varphi_4(\cos 2\theta) = \cos 8\theta$, $\varphi_4(\cos 8\theta) = \cos 32\theta = \cos 2\theta$ であるから，$B \in K_2$ である．同様に，C, D も K_2 の元である (A, B, C, D はすべて $x + \varphi_4(x)$ の型をしているので K_2 の元となる．また，そうなるように組を作って A, B, C, D を定義したのである)．

三角関数の積和の公式から

$$\beta = \cos\theta \cos 4\theta = \frac{1}{2}(\cos 5\theta + \cos 3\theta) = \frac{1}{2}C$$

となる．A と C が分かれば，$\cos\theta$ は 2 次方程式

$$x^2 - Ax + \frac{1}{2}C = 0 \tag{3}$$

の解のうち，大きい方ということで求めることができる (この方程式のもう 1 つの解は $\cos 4\theta$ なので $\cos\theta$ より小さい)．

4.3. 中間の体 K_1

われわれが知りたいのは A と C である．そのために，今度は $[K_2 : K_1] = 2$ となる体 K_1 を上と同じ方法で定義しよう．今度は φ_2 を考えると，

$$(\varphi_2)^2(\cos\theta) = \varphi_2(\cos 2\theta) = \cos 4\theta$$

だから，

$$(\varphi_2)^2 = \varphi_4$$

である．K_2 上では φ_4 は恒等写像 (元を動かさない写像) であったから，φ_2 を使って，

$$K_1 = \{x \in K_2 \mid \varphi_2(x) = x\} = \{x \in K \mid \varphi_2(x) = x\}$$

とおくと，φ_2 は K_2 の位数 2 の共役写像であり，$[K_2 : K_1] = 2$ となっている．φ_4 に対して行ったのと同じことを行おう．

$\varphi_2(A) = B$, $\varphi_2(B) = A$ だから，

$$P = A + B, \quad Q = AB$$

とおくと，P と Q は φ_2 で動かないので K_1 の元である．A と B は 2 次方

程式
$$x^2 - Px + Q = 0 \tag{4}$$
の解である．再び積和の公式によって Q を計算すると，

$$\begin{aligned} Q &= AB \\ &= \cos\theta\cos 2\theta + \cos\theta\cos 8\theta + \cos 4\theta\cos 2\theta + \cos 4\theta\cos 8\theta \\ &= \frac{1}{2}(A + B + C + D) \end{aligned}$$

が分かる．ここで，A, B, C, D の和は 8 次方程式 (2) の 8 つの解の和だから，解と係数の関係により

$$A + B + C + D = -\frac{1}{2}$$

が得られる (これは正 17 角形の中心と各頂点を結ぶ 17 個のベクトルをすべて加えると **0** となることからも得られる)．よって，

$$Q = -\frac{1}{4}$$

である．

次に P を計算しよう．ここでも P を解とする 2 次方程式を作るという方法で計算する．$P' = C + D$ とおくと，

$$P + P' = A + B + C + D = -\frac{1}{2}$$

である．P, P' は三角関数の和だから，AB を計算したときと同じように PP' を積和の公式を何度も使って計算すると，

$$PP' = \frac{1}{2} \cdot 4(A + B + C + D) = -1$$

となる．よって，P, P' は方程式

$$x^2 + \frac{1}{2}x - 1 = 0$$

の解である．ここで，$P' < P$ だから P はこの方程式の解のうち大きいほうで

ある. よって,
$$P = \frac{-1+\sqrt{17}}{4}$$
が分かった.

2 次方程式 (4) に上の P の値と $Q = -\dfrac{1}{4}$ を代入する. $A > B$ であるから, A は 2 次方程式 (4) の解のうち大きいほうであり, 2 次方程式 (4) を解くことにより,
$$A = \frac{1}{8}\left(-1 + \sqrt{17} + \sqrt{34 - 2\sqrt{17}}\right)$$
となることが分かる.

次に, C, D を計算してしまおう. 上と同じやり方で,
$$CD = \frac{1}{2}(A+B+C+D) = -\frac{1}{4}$$
と
$$C + D = P' = \frac{-1-\sqrt{17}}{4}$$
が分かる. よって, C, D は
$$x^2 - P'x - \frac{1}{4} = 0$$
の 2 つの解である. ここで, $C > D$ から,
$$C = \frac{1}{8}\left(-1 - \sqrt{17} + \sqrt{34 + 2\sqrt{17}}\right)$$
と分かる.

以上の A, C の値を方程式 (3) に代入し, $\cos\theta$ の値を求めると,
$$\begin{aligned}\cos\theta = \frac{1}{16}\Bigl(&-1 + \sqrt{17} + \sqrt{34 - 2\sqrt{17}} \\ &+ \sqrt{68 + 12\sqrt{17} + 2(-1+\sqrt{17})\sqrt{34-2\sqrt{17}} - 16\sqrt{34+2\sqrt{17}}}\,\Bigr)\end{aligned} \quad (5)$$
となる. 以上により,

定理 12 正 17 角形は定規とコンパスで作図可能である.
$\theta = \dfrac{360°}{17} \left(= \dfrac{2\pi}{17}\right)$ とおくと, $\cos\theta$ は作図可能数であり, 具体的には上の (5) のように書ける.

なお, 具体的数値としては $\cos\theta = 0.93247\cdots$ である. また, 体の列
$$\mathbf{Q} = K_0 \subset K_1 \subset K_2 \subset K_3 = K = \mathbf{Q}(\cos\theta)$$
を具体的に書くと,
$$K_1 = \mathbf{Q}(\sqrt{17}), \quad K_2 = K_1(A) = K_1(\sqrt{34 - 2\sqrt{17}})$$
となっている.

問題 13 A, B, C, D が $K_1(\sqrt{34 - 2\sqrt{17}}) = \mathbf{Q}(\sqrt{17})(\sqrt{34 - 2\sqrt{17}})$ に入っていることを確かめよ (ヒント: $\sqrt{34 + 2\sqrt{17}}\sqrt{34 - 2\sqrt{17}} = 8\sqrt{17}$ を使う).

ここではすべてを実数の中の話にするために, 三角関数を主役として話を進めて来たが, 1 の冪根 ζ ($\zeta^{17} = 1$ を満たす複素数) を用いたほうが議論が見通しよくできるところも多い. また, この話の続きにはガロア理論がある. この章で書いたことの中にもガロア理論的な考え方が顔を出したが, 何度も書いたように, ガロア理論を用いれば, たとえば 5 次方程式に根の公式が存在しないことも証明できる. この章に書いてあることに興味を持った読者は, ぜひガロア理論に進んでもらいたい (たとえば参考文献 [2]). また, 上に出てきた数の個性 (数 17, $\sqrt{34 - 2\sqrt{17}}$ など; さらには, たとえば正整数 n, m に対して, $\sqrt{m} \in \mathbf{Q}\left(\cos\dfrac{2\pi}{n}\right)$ となるとき, n, m にはどのような関係があるか, など) に興味を持って進んでいけば, 円分体の整数論へ進むことができる. 興味を持った読者は, この先にある数学にぜひ進んで行ってほしい.

参考文献

[1] ファン・デル・ヴェルデン『数学の黎明』(みすず書房, 1984)

ここの議論はだいぶ簡潔だったので，角の 3 等分，体など後半の話題について詳しく知りたい読者はガロア理論の本を読むとよい．

ガロア理論の参考書としては，まず古典的なものとして，

[2] ファン・デル・ヴェルデン『現代代数学』(東京図書, 1959)

と，新しい教科書としては，

[3] 雪江明彦『代数学 2　環と体とガロア理論』(日本評論社, 2010)

をあげておく．

背理法と対角線論法

深谷賢治

§1 背理法と存在証明

　背理法で証明されることは，多くの場合否定的な結論である．典型的なのは，アリバイ証明である．

　A さんがある殺人事件 (B さん殺し) の犯人ではない，ということを証明するのに，A さんはその殺人がおこったとき，あるお店 X で夕食を食べていた，というのがアリバイである．

　アリバイがあると，

もし A さんが，B さん殺しの殺人をおかしていたとすると，殺人が行われたときに，現場にいなければならない．しかし，B さんが殺されたときに，A さんは X にいたのが目撃されているから，これは矛盾である．

という論法で，A さんが犯人ではないということが証明されるわけである．

　数学の話題だと，たとえば，2 の平方根は有理数ではない，という命題があげられる．これを証明するには，2 の平方根が有理数であるとして，

$$\sqrt{2} = \frac{p}{q}$$

と分数であらわす．通分をして，p と q が互いに素であるとする．(つまり，p と q を同時に割る自然数は 1 だけだとする．) そのあと，両辺を 2 乗して

$$2 = \frac{p^2}{q^2}$$

とする．分母を払って

$$2p^2 = q^2 \tag{1}$$

となる．左辺は偶数だから，右辺も偶数でなければならない．

　すると，q が奇数なら q^2 も奇数になって，矛盾する．よって q は偶数である (これも背理法である)．

　$q = 2r$ と書くと，(1) から

$$2p^2 = 4r^2$$

になり，

$$p^2 = 2r^2$$

になる．

　すると，今度は右辺が偶数だから．p も偶数でなければならない．

　p も q も偶数になったので，互いに素ではなくなり，これは矛盾である．

　ここでも，結論は，$\sqrt{2}$ は有理数ではない，という否定的な結論であることに，注目しよう．

　背理法による証明で有名な，「素数が無限個ある」という定理の場合は，少し事情が異なる．つまり，この定理は，無限個「**ある**」という肯定的な結論をだしているように思える．

　しかし，証明をみていると，じつは，「一番大きい素数はない」ということを示している．証明は以下の通りである．

　一番大きい素数を p とする．

　$1, 2, 3, \cdots, p$ を全部かけそれに 1 を足した数を q とする．

$$q = (1 \times 2 \times \cdots \times p) + 1.$$

すると，p より小さいどの数で割っても，q は割り切れずに必ず 1 余る．ところが，p は一番大きい素数だったから，q は $1, \cdots, p$ のどれかで割り切れなけ

ればならない．これは矛盾である．

この章では，背理法を使って，何かが**ある** (存在する) ということを証明する方法を考えてみることにする．

§2 円積問題と超越数

古代ギリシア時代には「作図題」といって，定規とコンパスだけを使って，与えられた図形を表す問題がいろいろあった．解けないことで有名な 3 大作図問題は，「角の 3 等分」「倍積問題」「円積問題」の 3 つであった．

最初の 2 つは，与えられた角を 3 等分せよ，という問題と，与えられた立方体の 2 倍の体積をもつ立方体を作図せよ，という問題であるが，この章で説明するのは，3 つ目の問題で，

「与えられた円と同じ面積を持つ正方形を作図せよ」

という問題である．半径 1 の円の面積は円周率 π だから，この問題は与えられた線分の π 倍の長さの線分を作図せよ，という問題と同じ問題である．

18 世紀に作図問題は (代数) 方程式と関係が深いことが分かった．その話を始めるとそれだけで，本を一冊書くことになるから，ここではできない (本書 53–77 ページを参照)．たとえば，1 つの辺の長さが 1，もう 1 つの辺の長さが a の長方形と同じ面積を持つ正方形を作図せよ，という問題は，2 次方程式

$$x^2 - a = 0$$

の解 $\sqrt{a}$ を作図せよという問題になる．

さて，円積問題は 19 世紀にリンデマンという人によって，作図不能である，ということが証明された．リンデマンは次の定理を証明することで，円積問題を解決した．

定理 1 どんな n と整数係数のどんな n 次方程式

$$a_1 x^n + a_2 x^{n-1} + \cdots + a_{n-1} x + a_n = 0$$

を考えても，π はその解にならない (ただし，$a_1 \neq 0$ とする)．

この定理の証明はかなり難しいのでここでは説明しない ([4] を参照). 定理 1 の結論が成り立つような数のことを**超越数**という. つまり,

定義 1 実数 α が超越数であるとは, どんな n と整数 $a_1, \cdots, a_n$, $a_1 \neq 0$, を考えても, α は n 次方程式

$$a_1 x^n + a_2 x^{n-1} + \cdots + a_{n-1} x + a_n = 0$$

の解にならないことをいう.

リンデマンの定理は π が超越数である, という定理になる.

超越数は他にもいろいろ知られていて, たとえば,

$$e = 1 + \frac{1}{2} + \frac{1}{3!} + \cdots + \frac{1}{n!} + \cdots$$

も超越数であることが知られている.

個々の具体的な数が超越数か, という問題はじつは大変むずかしい問題で, たとえば, $\pi + e$ が超越数かはまだ分かっていない.

一方, 19 世紀末の数学者カントルは, 世の中の数のほとんどは超越数である, ということを証明した. とくに,

定理 2 超越数は存在する.

という定理も証明される. これは, リンデマンの定理からも導かれるが, カントルの証明は, 背理法を用いるもので, 背理法を使ってなにかが存在する, ということを証明するやり方の典型なのである.

§3 対角線論法

カントルの証明を説明する. その鍵になるのは, 可算 (番号が付けられる) という概念と, 対角線論法である. この節で後者を, 次の節で前者を説明する.

各々の k に対して, ある整数係数の $n(k)$ 次の方程式

$$P_k(x) = 0 \qquad (k = 1, 2, 3, \cdots) \tag{2}$$

があるとする．(2) は，
$$a_{k,n(k)}x^{n(k)} + a_{k,n(k)-1}x^{n(k)-1} + \cdots + a_{k,1}x + a_{k,0} = 0$$
のように，書くことができるが，いちいち書くと長いので (2) のように省略して書く．この節では，次のことを証明する．

命題 3 どの $k = 1, 2, 3, \cdots$ に対する方程式 (2) の解にならないような，実数 α が存在する．

証明 まず，$n(k)$ 次方程式の解は，多くても $n(k)$ 個であることに注意する．特に，解は有限個である．

そこで，まず，$P_1 = 0$ の解を次のように並べる．
$$x_{1,1}, \cdots, x_{1,m_1}$$
次の $P_2 = 0$ の解を考え，それを隣に並べる．
$$x_{1,1}, \cdots, x_{1,m_1}, x_{2,1}, \cdots, x_{2,m_2}$$
その横に，$P_3 = 0$ の解を並べる．
$$x_{1,1}, \cdots, x_{1,m_1}, x_{2,1}, \cdots, x_{2,m_2}, x_{3,1}, \cdots, x_{3,m_3}$$
これを続けていくと，P_k の解たちが全部一列に並ぶ．
$$x_{1,1}, \cdots, x_{1,m_1}, x_{2,1}, \cdots, x_{2,m_2}, x_{3,1}, \cdots, x_{3,m_3}, x_{4,1}, \cdots \tag{3}$$
ここで，番号を付け替える．つまり，$y_1 = x_{1,1}, y_2 = x_{2,1}, \cdots, y_{m_1} = x_{1,m_1}, y_{m_1+1} = x_{2,1}, \cdots, y_{m_1+m_2} = x_{2,m_2}, \cdots$ とする．言い換えると，(3) のおのおのの数についていた名前を
$$y_1, y_2, \cdots, y_{m_1}, y_{m_1+1}, \cdots,$$
と付け替えたことになる． □

方程式 $P_k(x) = 0$ のどれか解になる数は，y_i たちのうちのどれかに限られることになった．

したがって，命題 3 を証明するには，次の補題を証明すればよいことになる．

補題 4 $y_1, y_2, \cdots, y_k, \cdots$ という一列に並んだ数列があるとき，そのどの y_k とも異なる実数 α が存在する．

補題 4 の証明 さて，ここが証明の核心である．

y_i を (無限) 小数で表す．

$$y_i = [y_i] + 0.y_{i1}y_{i2}y_{i3}\cdots$$

ここで $[y_i]$ は y_i 以下の最小の整数で，$y_{i1}, y_{i2}, y_{i3} \cdots$ はどれも $0, 1, 2, \cdots, 9$ のどれかの数である．

(たとえば，$y_i = \sqrt{2}$ なら

$$y_i = 1 + 0.1414\cdots$$

だから，$[y_i] = 1, y_{i1} = 1, y_{i2} = 4, y_{i3} = 1 \cdots$ である．)

さて，

$$\alpha = 0.\alpha_1\alpha_2\alpha_3\cdots$$

という小数 α を次のように定める．

$$\alpha_i = \begin{cases} 5 & y_{i,i} \neq 4, 5, 6 \text{ であるとき,} \\ 8 & y_{i,i} = 4, 5, 6 \text{ のどれかであるとき.} \end{cases}$$

この α が，どの y_i とも異なることは，次のようにして分かる．

y_i と α は小数で表したときの小数点以下 i 桁目が違うので，異なる．

この議論をカントールの対角線論法という．対角線論法という名前は，下の図をみると，納得がいくだろう．

□

注意 5 じつは，少しだけ注意が必要である．実数を小数で表したとき，たとえば，

$$0.9999999999\cdots = 1$$

$$y_1 = 0.y_{11}y_{12}y_{13}\cdots$$
$$y_2 = 0.y_{21}y_{22}y_{23}\cdots$$
$$y_3 = 0.y_{31}y_{32}y_{33}\cdots$$
$$\vdots$$
$$y_i = 0.y_{i1}\ y_{i2}\ y_{i3}\cdots y_{ii}\cdots$$

図 1

のように，表し方が一通りでない場合がある．しかし，次のことは間違いなく成立する．

（1）　α の小数点以下 i 桁目が 8 で y_i の小数点以下 i 桁目が $4, 5, 6$ のどれかであれば，$\alpha \neq y_i$．

（2）　α の小数点以下 i 桁目が 5 で y_i の小数点以下 i 桁目が $4, 5, 6$ のどれでもなければ，$\alpha \neq y_i$．

α_i の定義の仕方をみると，(1), (2) から $\alpha \neq y_i$ が証明できることが分かる．

§4　可算集合

前の節の命題 3 で，番号がついた方程式の列 $P_1(x) = 0, \cdots, P_k(x) = 0, \cdots$ があったとき，そのどれの解にもならない，数 α があることを証明した．そこで，次のことを証明すれば，定理 2 が証明されたことになる．この節では，次のことを証明する．

命題 6　方程式の列 $P_1(x) = 0, \cdots, P_k(x) = 0, \cdots$ であって，どの整数係数の方程式もどれかの $P_k(x) = 0$ と一致するようなものがある．

この命題の証明がこの節の目的である．命題 6 だけを証明すると，かえって証明の様子がみえづらくなるので，もう少し一般的な言葉を準備して，証明をしよう．

まず，集合という概念を思い出そう．集合 X というのは，ある要素が X に属するか属さないかがはっきり決まっているものの集まり，のことであった．

集合 X と集合 Y があったとき，X から Y への写像 $F : X \to Y$ とは，X の要素 $x \in X$ に対して，Y の要素 $F(x) \in Y$ がただ 1 つ決まっているようなものであった．

写像 $F : X \to Y$ が全射とは，どの $y \in Y$ に対しても，$F(x) = y$ となる $x \in X$ が存在することをいい，F が単射とは，$F(x_1) = F(x_2)$ となるのが，$x_1 = x_2$ である場合に限る，ことを指す．F が全単射であるとは，全射でありかつ単射であることをいう．

自然数全体の集合を $\mathbb{N}$ と書く．

定義 2 集合 X が**可算**であるとは，$\mathbb{N}$ から X への全射が存在することをいう．

可算という言葉を使うと，命題 6 は

「整数係数多項式全体の集合は可算である」

といいかえられる．命題 6 を見通しよく証明するために，可算集合の一般的な性質を証明していこう．

命題 7 自然数 n に対して，集合 X_n が決まっていて，どの X_n も可算であるとする．このとき和集合

$$X = \bigcup_n X_n \tag{4}$$

も可算集合である．

和集合 (式 (4)) の定義を思い出そう．2 つの集合 X と Y があったとき，その和集合 $X \cup Y$ とは，X または Y に含まれる要素全体の集合であった．つまり，

$$x \in X \cup Y$$

となるのは，

$$x \in X \quad \text{または} \quad x \in Y$$

であるときで，そのときに限るというのが定義である．

3つの集合 X_1, X_2, X_3 の場合は

$$x \in X_1 \cup X_2 \cup X_3$$

であるのは，

$$x \in X_1 \quad \text{または} \quad x \in X_2 \quad \text{または} \quad x \in X_3$$

であるときで，そのときに限るというのが定義である．

和集合 (式 (4)) は無限個の集合の和集合である．すなわち

$$x \in X = \bigcup_n X_n$$

であるのは，ある，$n = 1, 2, 3, \cdots$ に対して，

$$x \in X_n$$

になるときで，そのときに限るというのが定義である．

たとえば，

$$X_n = \{2(n+1), 3(n+1), 4(n+1), 5(n+1), \cdots\}$$

とすると，

$$X = \bigcup X_n$$

は，ある 2 以上の 2 つの自然数の積になる自然数全体，つまり素数でない 2 以上の自然数全体になる．

さて，命題の意味が分かったところで，命題 7 の証明をする．X_n は可算集合なので，どの n に対しても

$$F_n : \mathbb{N} \to X_n$$

という全射がある．これを使って，

$$F : \mathbb{N} \to X$$

を定義する．

素数全体を小さい方から順番に並べて $p_1, p_2, p_3, \cdots$ とする．つまり，$p_1 = 2, p_2 = 3, p_3 = 5, \cdots$ である．素数は無限個あったので，$p_1, p_2, p_3, \cdots$ が順番に決まる．

さて F を次のように定義する．

$$F(m) = \begin{cases} F_n(k) & m = p_n^k \\ F_1(1) & m \text{ が 2 つ以上の素数で割り切れるとき．} \\ F_1(1) & m = 1. \end{cases}$$

F が全射であることを確かめる．$x \in X$ とすると，$x = F_n(m)$ となっている n, m がある．すると，$F(p_n^m) = x$. これで F が全射であることが確かめられた．

さて，命題 7 が証明できたので，これを使っていろいろな集合が可算集合であることが証明できる．

(1) 整数全体の集合 $\mathbb{Z}$ は可算である．

この証明には，命題 7 を使う必要もないのであるが，せっかくだから使ってみることにする．

X_n を n が正の数のときは自然数全体，n が負のときは，正でない自然数全体 ($\mathbb{Z}_{\leq 0}$ と書く) と定める．正でない自然数全体 $\mathbb{Z}_{\leq 0}$ は

$$F(m) = 1 - n$$

という写像を考えると，$\mathbb{N} \to \mathbb{Z}_{\leq 0}$ という全射になるので，可算集合である．よって命題 7 より

$$\mathbb{Z} = \mathbb{N} \cup \mathbb{Z}_{\leq 0} = \bigcup_n X_n$$

が可算集合であることが分かった．

具体的には

$$I(n) = \begin{cases} \dfrac{n}{2} & n \text{ が偶数のとき} \\ -\dfrac{n-1}{2} & n \text{ が奇数のとき} \end{cases}$$

とすると，$I : \mathbb{N} \to \mathbb{Z}$ という全射を作ることができる．この写像 I はこの節ではよく使うから，この節では I と書いたらこの写像を指すことにする．

(2) 有理数全体は可算集合である．

$n \in \mathbb{N}$ に対して，

$$X_n = \left\{ \dfrac{m}{n} \mid m \in \mathbb{Z} \right\}$$

とする．まえに定義した $I : \mathbb{N} \to \mathbb{Z}$ を使って，

$$F_n(r) = \dfrac{I(r)}{n}$$

とすると，F_n は $: \mathbb{N} \to X_n$ という全射になる．つまり，X_n は可算集合である．

一方有理数全体 ($\mathbb{Q}$ と書く) は

$$\mathbb{Q} = \bigcup X_n$$

と表されるから，命題 7 を使って，$\mathbb{Q}$ が可算集合であることが分かる．

(3) 整数係数の 1 次式全体は可算集合．

今度は Y_n を

$$Y_n = \{nx + a \mid a \in \mathbb{Z}\}$$

としてみる．Y_n は 1 次式の集合である．

$$F_n(m) = nx + I(m)$$

と定義すると，F_n は $\mathbb{N} \to Y_n$ という全射になる．

$$X_n = Y_{I(n)}$$

とする．すると，

$$\bigcup_{n=1,2,\cdots} X_n = \bigcup_{n \in \mathbb{Z}} Y_n$$

である．ここで右辺の記号は

$$x \in \bigcup_{n \in \mathbb{Z}} Y_n$$

であるのは，ある整数 n に対して，

$$x \in Y_n$$

であること，で定義する．

　すると，$\bigcup_{n \in \mathbb{Z}} Y_n$ は，整数係数の 1 次式全体だから，命題 7 により，整数係数の 1 次式全体が可算集合であることが証明された．

　(4)　N を自然数とすると，整数係数の N 次式全体の集合は可算集である．

　整数係数の N 次式全体の集合を $\mathcal{P}_N$ と書くことにする．$\mathcal{P}_N$ が可算集合であることを，数学的帰納法で証明する．

　(3) で $N = 1$ の場合は証明した．

　$N - 1$ まで正しいとする．

$$F : \mathbb{N} \to \mathcal{P}_{N-1}$$

という全射があるというのが帰納法の仮定である．

$$Y_n = \{nx^N + a_{N-1}x^{N-1} + \cdots + a_1 x + a_0 \mid a_{N-1}, \cdots, a_0 \in \mathbb{Z}\}$$

とする．つまり，x^N の係数が n である整数係数 N 次式全体を Y_n とする．

$$F_n : \mathbb{N} \to Y_n$$

を

$$F_n(m) = nx^N + F(m)$$

で定義すると，F_n は全射になる．したがって，Y_n は可算集合．すると

$$\bigcup_{n \in \mathbb{Z}} Y_n = \bigcup_{n=1,2,\cdots} Y_{I(n)}$$

は整数係数 N 次式全体だから，命題 7 より，整数係数 N 次式全体が可算集合であることが証明された．

さて，いよいよ整数係数多項式全体が可算集合であることを証明する．整数係数多項式全体は和集合
$$\bigcup_{n=1,2,\cdots} \mathcal{P}_n$$
に一致する．$\mathcal{P}_n$ は (4) より可算集合だから，命題 7 より，整数係数多項式全体も可算集合である．これで，定理 1 の証明はすっかり終わったことになる．□

§5 背理法と対角線論法

さて，定理 1 の今までの証明を読んだ人は，どこが背理法だったのかと思うかもしれない．対角線論法は背理法の典型なのであるが，少し書き換えてしまったので，それがよく見えないかもしれない．そこで，いかにも背理法に見えるような証明を書いてみることにする．定理も少し書き換える．

定理 8 実数全体の集合 $\mathbb{R}$ は可算集合ではない．

証明 $\mathbb{R}$ が可算集合とし
$$F: \mathbb{N} \to \mathbb{R}$$
が全射とする．実数 $F(n)$ を小数で表して
$$F(n) = [F(n)] + 0.y_{n,1}y_{n,2}\cdots$$
と書くことにする．さて，
$$\alpha = 0.\alpha_1\alpha_2\alpha_3\cdots$$
という小数 α を次のように定める．
$$\alpha_i = \begin{cases} 5 & r_{i,i} \neq 4,5,6 \text{ であるとき,} \\ 8 & r_{i,i} = 4,5,6 \text{ のどれかであるとき.} \end{cases}$$

この α が，どの $F(n)$ とも異なることが，次のようにして分かる．

$F(n)$ と α は小数で表したときの小数点以下 n 桁目が違うので，異なる．

ところが，F は全射だったので，$F(n) = \alpha$ となる n があるはずである．これは矛盾である． □

§6 全射と全単射

可算集合というのは，数えられる集合という意味で，自然数で名前が付けられる集合，すなわち

$$X = \{x_1, x_2, x_3, \cdots\} \tag{5}$$

のように，一列にその要素を並べることができる集合のことである．

つまり，$F : \mathbb{N} \to X$ が全射とすると，$F(n) = x_n$ と書けば，X を (5) のように表すことができる．

ここで一ヶ所だけ，気にかかることがあるかもしれない．

可算集合の定義では，F を全射としたが，単射とはしなかった．よって，$F(n) = x_n$ と置くことで X を (5) のように表すとき，$x_n = x_m$ で，$n \neq m$ であることが起こりうる．X の要素に名前を付ける，と考えるときは，これでは普通の意味と一致しない．しかし，じつは，定義で F を「全単射」としても同じ定義になることが証明できるのである．

定理 9 無限集合 X が可算集合であると，$\mathbb{N} \to X$ という全単射が存在する．

証明 仮定により

$$F : \mathbb{N} \to X$$

という全射がある．これを作り替えて全単射 $\mathbb{N} \to X$ にするというのが証明の方針である．

H を $H(1), H(2), \cdots$ の順番に定義していく．

$H(1)$ は

$$H(1) = F(1)$$

で定義する．次に $H(2)$ を定義する．もし，$F(2)$ が $F(1)$ と異なるときは，

$$H(2) = F(2).$$

とする．$F(2) = F(1)$ のときは，$F(3)$ を考える．$F(3) = F(2) = F(1)$ ではないときは

$$H(2) = F(3)$$

とする．$F(3) = F(2) = F(1)$ のときは，$F(4)$ を考えて，$F(4) = F(3) = F(2) = F(1)$ でないときは，

$$H(2) = F(4)$$

とする．$F(4) = F(3) = F(2) = F(1)$ のときは，$F(5)$ を考えて，と続ける．

これは永久には続かない．なぜなら，F は全射で，X は無限集合だから，$F(1)$ 以外の要素がある．よって，$F(n) \neq F(1)$ となる n があるはずである．

そこで，$F(n) \neq F(1)$ であるような一番小さい n をとり

$$H(2) = F(n)$$

と定義する．

さて，$H(3)$ を決める．$H(1), H(2)$ はすでに決まっていた．そこで，$F(n)$ が $H(1), H(2)$ のどちらとも異なるような，最小の n を考え，それをとって

$$H(3) = F(n)$$

と定義する． □

以下同様，といって証明を終わらせてもよいのであるが，無限集合を扱う話なので，少し不安であろう．そこで，もっと厳密な証明を書くことにする．

こういうとき使うのは数学的帰納法である．数学的帰納法の証明を上手に書くには，うまく帰納法が進行するように，おのおのの n に対して，どういうことを証明するかをしっかり決める必要がある．ここでは次の補題を数学的帰納法で証明する．

補題 10 n を自然数とする．このとき，$H(1), \cdots, H(n) \in X$，と $m_1, \cdots, m_n \in \mathbb{N}$ があって，次のことが成り立つ．

(1) $m_1 < m_2 < \cdots < m_n$.

(2) $H(1) = F(m_1), \cdots, H(n) = F(m_n)$.

(3) $r \leq m_n$ ならば，$F(r)$ は，$H(1), \cdots, H(n)$ のどれかに一致する．

(4) $H(1), \cdots, H(n)$ はすべて異なる．

補題 10 を数学的帰納法で証明する．$n = 1$ のときは，$m_1 = 1$, $H(1) = F(1)$ とすれば，明らかに成立する．

$n-1$ まで正しいとする．すると，$m_1 < m_2 < \cdots < m_{n-1}$ と $H(1), \cdots, H(n-1)$ は，すでに決まっている．

m_n を決める．

X は無限集合だから，X には $\{H(1), \cdots, H(n-1)\}$ には含まれない要素がある．さらに，F は全射だから，$F(m)$ が $\{H(1), \cdots, H(n-1)\}$ に含まれないような m がある．

そこで，そのような m のうちで一番小さいものをとり，それを m_n とする．さらに $H(n) = F(m_n)$ とする．

1，2，3，4 を確かめる．

1. 帰納法の仮定により，$m \leq m_{n-1}$ ならば，$F(m)$ は $\{H(1), \cdots, H(n-1)\}$ に含まれている．したがって，$m_n \leq m_{n-1}$ ではない．つまり，$m_n > m_{n-1}$．これで 1 が確かめられた．

2. $H(n) = F(m_n)$ と定義したのだから，これは明らか．

3. $r \leq m_{n-1}$ のときは，帰納法の仮定である．

一方，m_n は $F(m)$ が $\{H(1), \cdots, H(n-1)\}$ には含まれないような一番小さい m としたので，$m < m_n$ ならば，$F(m) = H(k)$ である $k \leq n-1$ がある．最後に，$F(m_n) = H(n)$ であった．これで 3 も確かめられた．

4. $H(1), \cdots, H(n-1)$ がすべて異なることは，帰納法の仮定である．一方 $F(m_n) = H(n)$ は $H(1), \cdots, H(n-1)$ のどれとも異なるように選んだ．よって 4 も成り立つ．

これで補題 10 が証明された. □

補題 10 によって,

$$H : \mathbb{N} \to X$$

という写像が定義された．これが全単射であることを確かめることにする．

単射であることは，補題 10 の 4 から分かる．

全射であることの証明：$x \in X$ とする．F は全射だから，$F(n) = X$ となる n がある．補題 10 の 1 より，$m_n \geq n$. したがって，補題 10 の 3 より，$F(n)$ は $H(1), \cdots, H(n)$ のどれかと一致する．つまり，$k \leq n$ で，$H(k) = x$ であるような k がある．これで全射であることも証明できた． □

§7 超越数になる確率

カントルの証明は，定理 2 よりじつはずいぶん強いことを証明している．この節ではそれを説明する．

さいころを用意して，何回かふっていく．1 回目に，たとえば奇数がでたとすると，$x_1 = 1$ として

$$a_1 = \frac{x_1}{2} = \frac{1}{2}$$

とする (偶数たとえば 2 がでたら，$x_1 = 0$ として

$$a_1 = \frac{x_1}{2} = \frac{0}{2}$$

とする).

2 回目に，奇数がでれば $x_2 = 1$, 偶数がでれば $x_2 = 0$ として，

$$a_1 + a_2 = \frac{x_1}{2} + \frac{x_2}{2^2}$$

とする．

3 回目も同様に，奇数がでれば $x_3 = 1$, 偶数がでれば $x_3 = 0$ として，

$$a_1 + a_2 + a_3 = \frac{x_1}{2} + \frac{x_2}{2^2} + \frac{x_3}{2^3}$$

とする．つまり，2進小数で

$$a_1 + a_2 + a_3 = 0.x_1 x_2 x_3 \cdots$$

である (2進小数については次の節で説明する).

どこかから寿命が無限に長い人 (たぶん人間ではだめで神様が必要だが) を探してきて，無限回さいころをふってもらう．すると，無限小数

$$\alpha = \sum_{i=1}^{\infty} \frac{x_i}{10^i} = 0.100011110101\cdots$$

が決まる．カントルの証明はじつは次のことを示している．

定理 11 上の数 α が超越数になる確率は 1 である．

つまり，偶然にさいころを (無限回) ふると，ほとんど確実に超越数になる，というのが定理である．定理 2 は単に超越数 1 つはある，といっているだけなので，それに比べると，ずいぶん強いことをいっているわけである．

定理 11 を証明したいのだが，確率という言葉の意味は，この定理の場合けっこう難しいことである．

高等学校で学ぶ確率は，有限個の事象がある場合だけに限られていた．たとえば，さいころを 2 つふるという場合だと，第 1 のさいころの目が 1,⋯,6 の 6 通りのどれかで，第 2 のさいころの目も 1,⋯,6 の 6 通りのどれかだから，事象は全部で 6×6 の 36 通りである．

この 36 通りがどれも「同様に確からしい」として確率を計算するわけである．たとえば，目の合計が 7 になるのは，6 通りあるので，目の合計が 7 になる確率は

$$\frac{6}{36}$$

通りである，というふうに．

定理 11 の場合には，無限回さいころをふるので，事象の数は無限である．その場合にどうやって確率を定義するのか，から考えてみる必要がある．順番にそれを説明していくことにする．

§8　2進法と2進小数

まず，前の節で出てきた2進小数の定義を説明する．それには，2進法の復習から始める．

10進法では，$0, 1, 2, \cdots, 9$ という10個の数字で自然数を表した．2進法では$0, 1$の2つしか使わないので，すぐに位があがることになる．つまり，0の次は1であるが，その次は10になる．小さい方から順番に書くと

$$0,\ 1,\ 10,\ 11,\ 100,\ 101,\ 110,\ 111,\ 1000$$

がそれぞれ10進法の

$$0,\ 1,\ 2,\ 3,\ 4,\ 5,\ 6,\ 7,\ 8$$

になる．一言でいうと

$$a_n a_{n-1} \cdots a_1 a_0 \qquad (a_i \text{ は } 0 \text{ か } 1)$$

は

$$\sum_{k=0}^{n} 2^k a_k \tag{6}$$

になる (ちょっと紛らわしいが，(6) の2は10進法の2)．

2進小数を次に考える．これは (6) を k が負の方までのばすというふうに考えるのが一番手っ取り早い．実際10進法のとき，たとえば，

$$a = 12.569$$

は

$$a = 1 \times 10^1 + 2 \times 10^0 + 5 \times 10^{-1} + 6 \times 10^{-2} + 9 \times (10)^{-3}$$

と表すことができる．

2進小数も，たとえば，

$$a = 11.1001$$

は
$$a = 1\times 2^1 + 1\times 2^0 + 1\times 2^{-1} + 0\times 2^{-2} + 0\times 2^{-3} + 1\times 2^{-4}$$
である．一般的に書くと，
$$a_n\cdots a_1 a_0 . b_1 b_2 b_3 \cdots b_m$$
という 2 進小数は
$$\sum_{k=0}^{n} 2^k a_k + \sum_{l=1}^{m} 2^{-l} b_l \tag{7}$$
を表している．

以下 1 より小さい小数だけを扱うから，$a_n = \cdots = a_0 = 0$ である．

(7) は有限小数，つまり小数点以下 m 位までで切れていた．無限小数を考えるときは，(7) の和が無限和になる．つまり，
$$\alpha = 0.b_1 b_2 b_3 \cdots b_m,\cdots \tag{8}$$
という無限 2 進小数は無限和
$$\alpha = \sum_{l=1}^{\infty} 2^{-l} b_l \tag{9}$$
を表している．

どんな実数でも小数で表すことができる．表し方は注意 5 で述べたこと，すなわちあるところから先ずっと 9 が続く (10 進小数の場合) と 1 つ繰り上がるのが同じ，ということをのぞくと一通りである．このことは，10 進法の場合でも高校では証明という形では習わないと思うので，2 進法の場合にきちんと証明をしてみることにする．

定理 12 1 より小さいどんな正の実数 α に対しても，$b_l \in \{0,1\}$, $l = 1, 2, \cdots$ があって，(9) が成り立つ．

さらに次の条件をつけると，そのような $b_l \in \{0,1\}$, $l = 1, 2, \cdots$ はただ一通りである．

(条件) どんな大きい m に対しても $l > m$ であって，$b_l = 1$ でないものが

ある．

定理 12 での条件は，

$$0.0111111\cdots$$

のようなものを排除している．この数の場合には

$$0.1000\cdots$$

の方をとる．

定理 12 の証明 この証明のなかでは，数は 10 進法で書く．

こういう証明の難しいところは，何が当たり前で何がそうでないか，なかなかはっきりしないことである．正しそうなことを言葉で書いていると，証明ができたりするが，そうしていると定理そのものも同じくらい正しそうだから，はたして何が証明になっているのか分からなくなる．だから，以下同様というたぐいのことはあまり証明中に書きたくない．それで曖昧さを避けるために再び数学的帰納法を使うことにする．

補題 13 $b_1,\cdots,b_n (b_i = 0$ または $1)$ で次の条件を満たすものが存在する．

$$\alpha - 2^{-n} < \sum_{l=1}^{n} 2^{-l} b_l \leq \alpha \tag{10}$$

証明 n に関する数学的帰納法で証明する．

$n=1$ のとき．$\alpha < \frac{1}{2}$ ならば，$b_1 = 0$. $\alpha \geq \frac{1}{2}$ ならば，$b_1 = 1$ とすれば，(10) が成り立つ．

$n-1$ まで正しいとする．すると，$b_1,\cdots,b_{n-1}$ は決まっていて，

$$\alpha - 2^{-(n-1)} < \sum_{l=1}^{n-1} 2^{-l} b_l \leq \alpha$$

が成り立っている．言い換えると

$$0 \leq 2^n \left(\alpha - \sum_{l=1}^{n-1} 2^{-l} b_l \right) < 2$$

である. そこで,

$$2 > 2^n \left(\alpha - \sum_{l=1}^{n-1} 2^{-l} b_l\right) \geq 1 \quad \text{ならば}, b_n = 1,$$

$$1 > 2^n \left(\alpha - \sum_{l=1}^{n-1} 2^{-l} b_l\right) \geq 0 \quad \text{ならば}, b_n = 0$$

とする. こうすると (10) が成り立つことは, 容易に確かめられる. これで補題 13 が証明された. □

補題 13 を使って $b_l, l = 1, 2, \cdots$ が決まる.

(9) が成り立つことを確かめる. ここで, 背理法を使う. つまり,

$$\alpha \neq \sum_{l=1}^{\infty} 2^{-l} b_l$$

とする. すると,

$$\left|\alpha - \sum_{l=1}^{\infty} 2^{-l} b_l\right| > 2^{-m+2} \tag{11}$$

となるような m がある.

一方

$$0 \leq \sum_{l=m+1}^{\infty} 2^{-l} b_l \leq \sum_{l=m+1}^{\infty} 2^{-l} \leq 2^{-m}$$

$\left(\sum_{l=m+1}^{\infty} 2^{-l} = 2^{-m} \text{に注意}\right)$ で, また, (10) から

$$\left|\sum_{l=1}^{m} 2^{-l} b_l - \alpha\right| \leq 2^{-m}$$

だから,

$$\left|\sum_{l=1}^{\infty} 2^{-l} b_l - \alpha\right| \leq 2^{-m} + 2^{-m} = 2^{-m+1}$$

となるが, これは (11) 式と矛盾する. これで (9) が証明された.

定理 12 の証明を完成するには，あと 2 つのことを証明する必要がある．1 つは補題 13 で決めた，b_l が定理 12 の (条件) を満たすことで，もう 1 つは条件を満たすような b_l がただ 1 つしかないことである．

b_l が定理 12 の (条件) を満たすことから始める．再び背理法を用いる．

(条件) が満たされないとすると，b_l はあるところから先はずっと 1 であることになる．そこで $l > n$ ならば $b_l = 1$ としてみる．すると，

$$\alpha = \sum_{l=1}^{\infty} 2^{-l} b_l = \sum_{l=1}^{n} 2^{-l} b_l + \sum_{l=n+1}^{\infty} 2^{-l} b_l$$
$$= \sum_{l=1}^{n} 2^{-l} b_l + \sum_{l=n+1}^{\infty} 2^{-l}$$
$$= \sum_{l=1}^{n} 2^{-l} b_l + 2^{-n}$$

になる．これは (10) 式の前半

$$\alpha - 2^{-n} < \sum_{l=1}^{n} 2^{-l} b_l$$

と矛盾する．

最後に (条件) を満たす b_l がただ 1 つしかないことを証明する．また背理法である．b_l と b_l' が両方とも (条件) を満たし，

$$\sum_{l=1}^{\infty} 2^{-l} b_l = \alpha = \sum_{l=1}^{\infty} 2^{-l} b_l'$$

で，しかも $b_l = b_l'$ ではないとする．つまり，どこかの n について $b_n \neq b_n'$ であるとする．そうなっている一番小さい n をとることにして，$k < n$ に対しては，$b_k = b_k'$ とする．

$b_n = 1$, $b_n' = 0$ としてかまわない (そうでなければ b_n と b_n' を入れ替えればよい)．

すると，$b_n = 0$ を使って計算すると，

$$\sum_{l=1}^{\infty} 2^{-l} b_l = \sum_{l=1}^{n-1} 2^{-l} b_l + \sum_{l=n+1}^{\infty} 2^{-l} b_l$$

$$< \sum_{l=1}^{n-1} 2^{-l} b_l + \sum_{l=n+1}^{\infty} 2^{-l}$$
$$\leq \sum_{l=1}^{n-1} 2^{-l} b_l + 2^{-n} \tag{12}$$

となる．ここで 2 行目の不等号が $<$ で $\leq$ でないのは，(条件) のせいである．つまり，$l > n$ に対する b_l のどれかは 1 ではなく 0 なので，等号が成立することはありえない．

一方
$$\sum_{l=1}^{\infty} 2^{-l} b'_l = \sum_{l=1}^{n-1} 2^{-l} b'_l + 2^{-n} + \sum_{l=n+1}^{\infty} 2^{-l} b'_l$$
$$\geq \sum_{l=1}^{n-1} 2^{-l} b'_l + 2^{-n}$$
$$= \sum_{l=1}^{n-1} 2^{-l} b_l + 2^{-n} \tag{13}$$

である (この計算で $k < n$ に対しては，$b_k = b'_k$ と，$b'_n = 1$ を使った)．

(12) と (13) はどちらも α に等しいはずなのでこれは矛盾．これで定理 12 の証明が完成した． □

§9 長さと確率

さて，2 進小数の説明がすんだので，定理 11 にもどる．すでに説明した通り，まず問題になるのは，無限個の事象がある場合に，ある事象が起こる確率という概念をどうやって理解するかである．

ある人が，非常に早く回っている円筒に向かって，矢を投げるとする．円筒には，縦縞の模様があって，白い部分と黒い部分があるとする (図 2)．このとき，矢が黒い部分に刺さる確率と白い部分に刺さる確率を考えると，次の仮説はもっともらしいといえるだろう．

仮説 14 黒い部分の面積を A，白い部分の面積を B とすると，矢が黒い部分に刺さる確率は

図 2

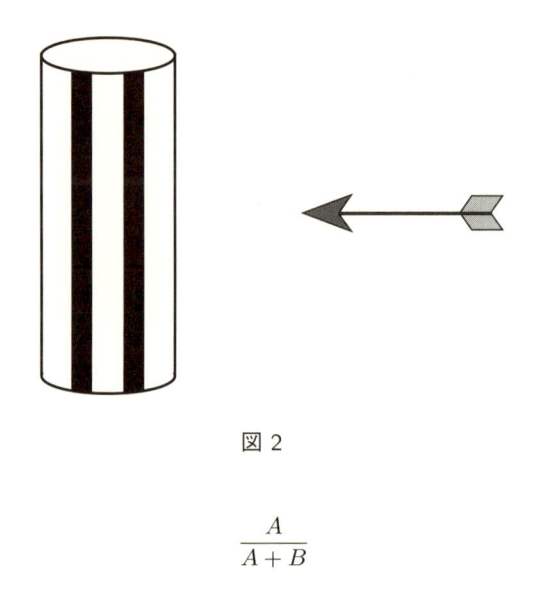

$$\frac{A}{A+B}$$

である．

「もっともらしい」という曖昧な言い方をした．それは仮説 14 が今までしてきたような意味では証明できまないからである．理由は確率という言葉が定義されていないからである．

たとえば，

さいころをふったとき，偶数の目の出る確率と奇数の目がでる確率は等しい．

ということだって，証明できるかというとなかなかはっきりしない．証明するとすると，偶数の目の出る確率と奇数の目がでる確率が異なるさいころは，いかさまである．さいころはいかさまでないと定義したから，偶数の目の出る確率と奇数の目がでる確率は等しい，という，下手をするといかさま証明と言われかねない「証明」ぐらいではないだろうか．

そうだとすると，主張 14 も，面積に比例して当たらないような投矢はいかさまである，といって「証明」できそうである．この辺は論じだすときがないところである．そこでその議論は打ち切り，本題に戻る．

§7 では，神様が無限回さいころをふると，ランダムに (0 と 1 の間の) 実数

が決まるということだった．そこで，$X \subset [0,1]$ という集合を考え，神様のさいころの結果でた数 α が X に含まれる確率を考える．主張 14 の類似としては次の仮説がもっともらしいのではないだろうか．

仮説 15 数 α が X に含まれる確率は，X の長さに等しい．

じつはこの主張はいろいろな X に対して証明できる．

命題 16 N, S, T を自然数とし，
$$X = \left\{ x \mid \frac{T}{2^N} \leq x < \frac{S}{2^N} \right\} \tag{14}$$
とすると，仮説 15 は正しい．

こう書くと，何を前提に仮説が正しいと言っているのか，が気になると思う．この場合には，前提は高等学校で普通前提とすること，つまり，さいころを有限回ふる，という場合には，どの事象も同じ確からしさでおこる，という前提と大体同じである．

大体同じというのは，ちょっと不満なのだが，これは，定理 12 についている，(条件) と関係がある．そこで，すなわち次の前提を置く．

前提 17 N 回目から先，最後まで奇数が出続ける，つまりすべての $l > N$ に対して $a_l = 1$ となる確率は 0 である．

奇数が n 回続けてでる確率は 2^{-n} なので，無限回続けてでる確率は 0 という前提は納得がいくのではないだろうか．ただし，「さいころを有限回ふる，という場合には，どの事象も同じ確からしさでおこる」ということだけからは前提 17 は証明できない．

前提 17 と，「さいころを有限回ふる，という場合には，どの事象も同じ確からしさでおこる」ということを仮定すると，命題 16 は証明できる．

命題 16 の証明 まず，次のことを証明する．

補題 18 α が X に含まれるかどうかは，最初の N 回のさいころの目で決まり，そのあとのさいころの目が何であるかには関係がない．

ただし，N 回目から先，最後まで奇数が出続ける場合をのぞく．

補題 18 の証明 最初の N 回のさいころの目から，$b_1, b_2, \cdots, b_N$ が決まる (つまり，l 回目が偶数なら $b_l = 0$，奇数なら $b_l = 1$)．

$$x = \sum_{l=1}^{N} b_l$$

とする．

次のことを証明する．

(1) $\alpha < 2^{-N}S$ である必要十分条件は，$x < 2^{-N}S$．

(2) $\alpha \geq 2^{-N}T$ である必要十分条件は，$x \geq 2^{-N}T$．

ただし α は (9) を満たすとする．また $b_{N+1} = b_{N+2} = \cdots = 1$ の場合は除く．

(1) の証明 $x < 2^{-N}S$ と仮定する．

$$2^N x = 2^N \sum_{l=1}^{N} 2^{-l} b_l < S$$

の両辺は整数なので，

$$x \leq \frac{S-1}{2^N}.$$

よって

$$\alpha = x + \sum_{l=N+1}^{\infty} 2^{-l} b_l < x + \sum_{l=N+1}^{\infty} 2^{-l} \leq x + 2^{-N} \leq 2^{-N}S. \tag{15}$$

ここで，(15) で等号が成立していないのは，N 回目から先，最後まで奇数が出続ける場合が除かれているからである．

逆は $\alpha \geq x$ なので明らか．

(2) の証明 $\alpha \geq 2^{-N}T$ と仮定する．背理法で，$\alpha \geq 2^{-N}T$ を証明する．もし，$\alpha < 2^{-N}T$ とすると，上と同様にして

$$x \leq \frac{T-1}{2^N}.$$

すると,

$$\alpha = x + \sum_{l=N+1}^{\infty} 2^{-l} b_l < x + \sum_{l=N+1}^{\infty} 2^{-l} \leq x + 2^{-N} \leq 2^{-N} T.$$

となって矛盾する.

逆の証明は $\alpha \geq x$ から明らか. これで, 2 も証明された. □

1,2 から補題 18 はすぐに分かる.

さて, 補題 18 が証明された. そこで前提 17 も使うと, α が

$$X = \left\{ x \,\middle|\, \frac{T}{2^N} \leq x < \frac{S}{2^N} \right\}$$

に含まれる確率を計算するには, x が X に含まれる確率を計算すればいいことになる.

これは次のようにして計算できる. $m = 1, \cdots, 2^N$ に対して,

$$A_m = \left\{ x \,\middle|\, \frac{m-1}{2^N} \leq x < \frac{m}{2^N} \right\}$$

という集合を考える.

$$x \in A_m$$

という 2^N 個の事象を考えると, 1 回目から N 回目までのさいころの偶奇という 2^N 通りの事象にそれぞれ対応していることが分かる. これら 2^N 通りの事象はどれも同じくらい確からしいので, $x \in A_m$ である確率は 2^{-N}. したがって, x が X に含まれる確率は $(S-T)2^{-N}$ つまり, X の長さに一致する. こうして仮説 15 が証明された. □

命題 15 とほとんど同じようにして, 次のことも証明される.

命題 19 整数 S_i, T_i が

$$0 \leq T_1 < S_1 < T_2 < S_2 < \cdots < T_m < S_m \leq 2^N$$

に対して，

$$X_i = \left\{ x \mid \frac{T_i}{2^N} \leq x < \frac{S_i}{2^N} \right\}$$

とさだめ，その和集合

$$X = X_1 \cup X_2 \cup \cdots \cup X_{m-1} \cup X_m$$

を X とすると，仮説 15 が成り立つ．

証明は読者に任せることにする．

ここで，気持ちが悪かった前提 17 についてもう少し付け足すことにする．この前提より，さらに当たり前に見える次の前提を置く．

前提 20 A, B を $\{(a_1, a_2, \cdots, a_n, \cdots) \mid a_l$ は 0 または 1$\}$ の部分集合で $A \subset B$ であるとする．このとき，さいころを無限回ふってその偶奇から決まる $a_1, a_2, \cdots, a_n, \cdots$ が A に含まれる確率は，B に含まれる確率以下である．

すると，前提 17 は前提 20 から証明できてしまう（「さいころを有限回ふる，という場合には，どの事象も同じ確からしさでおこる」というのも仮定する）．

命題 21 前提 20 が正しければ，前提 17 も正しい．

証明 $A = \{(a_1, a_2, \cdots, a_n, \cdots) \mid a_l = 1, \ l > N\}$
$B_m = \{(a_1, a_2, \cdots, a_n, \cdots) \mid a_{N+1} = a_{N+2} = \cdots = a_{N+m} = 1\}$

とする．$A \subset B_m$ だから，A のおこる確率は B_m のおこる確率以下である．一方 B_m は m 回続けて奇数がでるという事象だから，その確率は 2^{-m} である．つまり，A がおこる確率はどの m に対しても 2^{-m} 以下である．よって A がおこる確率は 0 である． □

§10 超越数になる確率：続き

さて，定理 11 に話しを戻したことにする．仮説 15 によれば，α が超越数になる確率は，0 と 1 の間の超越数全体の集合の「長さ」に等しいことになっ

た．しかし，超越数全体の集合の「長さ」とはなんだろうか．命題 19 にでてきたような集合 X，つまり区間の有限個の和，ならば，長さの意味ははっきりしている．すなわち

$$X \text{ の長さ} = \sum_{i=1}^{m} \frac{S_i - T_i}{2^N} \tag{16}$$

である．

超越数全体の集合は，区間の和というようなきれいに書ける集合ではない．だから，長さに等しいという言い方では，やはりまだ確率を計算することができない．そこで，再び前提 20 を用いることにする．ほとんど同じなのだが，少しここでの目的に使いやすいように言い換える．

前提 22 Y, Z が $[0, 1]$ の部分集合で $Y \subset Z$ とすると，α が Y に含まれる確率は α が Z に含まれる確率以下である．

もう 1 つ必要になるのが，次の前提である．

前提 23 $Y_i\,(i = 1, 2, \cdots)$ が $[0, 1]$ の部分集合とし，

$$Y = \bigcup_{i=1,2,\cdots} Y_i \tag{17}$$

であるとする．α が Y_i に含まれる確率を p_i とすると，α が Y に含まれる確率は

$$\sum_{i=1}^{\infty} p_i$$

以下である．

もし，Y_i たちの和 (17) が有限和だったら，前提 23 は確率の加法法則と前提 22 の帰結である．しかし，前提 23 では無限和を考えているので，これは新しい仮定を加えていることになる．

さて，前提 22, 23 に基づいて次のことを証明する．

命題 24 $X \subset [0, 1]$ が可算集合ならば，α が X に含まれる確率は 0 である．

証明 $$X = \{x_i \mid i = 1, 2, \cdots\}$$
と表す.

M を任意に選んだ自然数とする．x_i に対して,
$$\frac{T_i}{2^{M+i}} \leq x_i < \frac{T_i + 1}{2^{M+i}}$$
となるような，整数 T_i が存在する．そこで,
$$Y_i = \left\{ x \mid \frac{T_i}{2^{M+i}} \leq x < \frac{T_i + 1}{2^{M+i}} \right\}$$
とすると,
$$X \subset Y = \bigcup_{i=1,2,\cdots} Y_i$$
が成り立つ．命題 16 により，α が Y_i に含まれる確率は，2^{-M-i} である．したがって，前提 22, 23 により，α が X に含まれる確率は
$$\sum_{i=1}^{\infty} 2^{-M-i} = 2^{-M}$$
以下になる．M はどんなに大きく選んでもよかったので，α が X に含まれる確率は 0 である． □

命題 24 と命題 6 から定理 11 が次のように証明される.

命題 24 により，超越数でない数全体の集合は可算集合である．したがって，命題 6 により，α が超越数にならない確率は 0．言い換えると，α が超越数になる確率は 1 である．これが定理 11 の主張だった.

§11　集合・測度・確率

§10 と §9 で少し駆け足気味に説明した事柄は，測度や確率という大学の 3 年生ぐらいのレベルの数学の一部である．最後に，少し歴史の説明をして，詳しい内容の説明ができないかわりとする.

§11 集合・測度・確率

対角線論法の創始者カントルは 19 世紀の数学者で,無限集合を正面から取り上げる数学,集合論の創始者である.カントルの大発見は,無限がいろいろあることを見つけたこと,つまり定理 8 の発見だった.

カントルは実数論つまり実数の性質を調べる分野の創始者の一人でもある.定理 12 やその証明をみていただけば実数論という分野の雰囲気ぐらいは分かってもらえると思う.

実数を扱うと,数列の極限のような問題が重要になる.極限を実数の列より一般なものの列に対して考えること,たとえば,関数の列の極限を考えることには,さらに深い問題が秘められていて,それは 20 世紀になって,位相空間論 (general topology) という分野になって花開くことになる.

数列の収束と並んで,微積分学で重要なのは,積分である.面積を求めるという問題は,積分の基本問題である.超越数全体の集合のように,「汚い」集合の長さあるいは面積をどう考えるかは,積分に関わる基本問題で,20 世紀になるまで解決されなかった.

それを解決したのがフランスの数学者ルベーグで,その答えはルベーグ積分論とか測度論とかよばれている.測度論では,可算無限集合と可算でない無限集合の区別が大切になる.その根拠が命題 24 とそれに密接に関わる前提 23 である.前提 23 では,Y_i たちが,$i = 1, 2, 3, \cdots$ というふうに番号づけられていること,つまり可算個の Y_i たちを考えていることが重要である.実際

$$[0,1] = \bigcup_{t \in [0,1]} \{t\}$$

だから,$[0,1]$ は長さが 0 の集合 $\{t\}$(つまり 1 点) の和に書ける.しかし,

$$[0,1] \text{ の長さ} = \sum_{t \in [0,1]} \{t\} \text{ の長さ} = \sum_{t \in [0,1]} 0 = 0$$

という計算は許されない.$[0,1]$ の長さは 1 で 0 ではない.「長さ」とか「面積」とかいった日常生活でもでてくる概念が,「無限が何種類もある」という恐ろしげな数学的事実と不可分に結びついている,というのは,大変不思議な事実である.

§10 と §9 では，こっそり測度論やルベーグ積分の一部を借用している．たとえば，前提 23 は σ 加法性とよばれる測度の重要な性質である．

　§10 と §9 で触れなかった重要な点は，長さとか面積 (より一般には測度) が果たして存在するのか，あるいはどんな集合に対してそれを考えることができるか，という点である．§10 と §9 ではあたかも，いつでも，またどんな集合に対しても，それができるかのように説明しているが，そうではない．面積をはかることが不可能な集合が存在し，一方，十分に役立つくらい広い範囲で，前提と書いた性質を持っているような長さとか面積 (より一般には測度) が定義できる，というのが，測度論の重要な結果なのである．

　測度と確率の結びつきは，ルベーグの少し後に，ロシアの数学者コルモゴロフによって発見された．§9 の文章の歯切れの悪さからも想像がつく通り，確率という概念は，大変重要であるが，数学的に扱うには大きな困難のある，ある種の曖昧さを持った概念である．コルモゴロフは，確率とは面積や長さ (つまり測度) のことだと喝破することで，確率論を一挙に現代数学の土俵にのせたのである．

　確率論や測度論の専門家でない筆者がこれ以上案内をするのは，あまり適切ではないだろう．参考書をあげて，これからの皆さんの学習に期待することにする．

参考文献

[1] カントル，功力金二郎・村田全訳『超限集合論』(共立出版 現代数学の系譜 8, 1979)

[2] A. N. コルモゴロフ，坂本實訳『確率論の基礎概念』(ちくま学芸文庫，2010)

[3] 斎藤正彦『数学の基礎–集合・数・位相 (基礎数学)』(東京大学出版会，2002)

[4] 塩川宇賢『無理数と超越数』(森北出版，1999)

[5] 志賀浩二『集合・位相・測度』(朝倉書店，2006)

応用数学に現れる背理法

堤 誉志雄

　背理法は数学の証明における，きわめて強力な論法である．特に，ある命題を直接証明することが困難な場合，命題を否定して矛盾を導く背理法が有効なことが多い．というのは，背理法によって証明したい真理は1つだけであっても，それを否定することによって現れる矛盾は一般に多数あり，それらの矛盾のうち1つが生じることだけを示せばよいからである．例として，自然数全体の集合 N を考えたとき，集合 N は最大値を持たないことを，背理法で証明してみよう．自然数どうしの掛け算はまた自然数となることから，もし最大値 n が存在したとすると，

$$n \times n = n^2 \leqq n$$

でなければならない．さらに，n はゼロではないので，この不等式より $n \leqq 1$ でなければならないことになる．これは矛盾であり，したがって N は最大値を持たないことが示せた．しかし，矛盾を示す方法はこれだけではない．たとえば，自然数どうしの足し算はまた自然数となることに着目し，

$$n + n = 2n \leqq n$$

としても，やはり矛盾が示せる．いずれにせよ以上の証明は非常に簡潔であり，この命題をこれほど簡潔な論理展開で直接的に示すことはできないであろう．その一方で，背理法を用いた証明は何をやっているのか分かりづらいという側面もある．それは，多数ある矛盾の1つだけに着目すればよく，理論体系

全体を見る必要はないからである．実際，初めてこの証明を読んだとき，その正しさをすぐに確信あるいは実感できる人は多くはないであろう．また，論理的矛盾を導くというその手法から，背理法は抽象的な数学の命題を証明するときだけに使われる，というイメージを持っている人も多いのではないだろうか．本稿では，**応用数学もしくはそれに近い分野でも背理法が有効である**ことを，例を通して見てみよう．具体的には，非線形偏微分方程式の解の爆発と確率論の応用としての統計的仮説検定に焦点を当て，背理法がどのように使われ，どのような特徴を持っているのかを解説する．

さて本論に進む前に，西郷甲矢人氏と西村恵氏が本稿の第 1 稿を読み貴重な助言をくれたことを指摘し，両氏に対する謝辞としたい．

§1　微分方程式の解の爆発と背理法

時間発展する解を記述する方程式を発展方程式という．たとえば，変数 t の関数 $u(t)$ に関する，次のような常微分方程式を考えてみよう (変数 t は time の頭文字に由来する)．

$$\frac{du}{dt} = u^2, \qquad t > 0, \tag{1}$$

$$u(0) = a. \tag{2}$$

ただし，a は正定数とし，式 (2) は初期時間 $t = 0$ での関数 u の値を決めるので初期条件とよばれる．方程式と初期条件を合わせた問題 (1)-(2) を初期値問題という．方程式 (1) は求積法で解くことができる．すなわち，方程式 (1) は

$$\int_0^t \frac{1}{u^2}\, du = \int_0^t dt$$

と書き直すことができるので，この積分を求めると，

$$\frac{1}{u(0)} - \frac{1}{u(t)} = t$$

を得る．初期条件 (2) に注意してさらに式変形すると，関数 u は

$$u(t) = \frac{a}{1-at}, \qquad t > 0$$

であることが分かる．時間 $t = \dfrac{1}{a}$ で分母は 0 となるため，関数 u は時間区間 $\left[0, \dfrac{1}{a}\right)$ においてのみ初期値問題 (1)-(2) の解として意味を持つ．微分方程式に対し，2 つの解 u と v を考えたとき，それらを定数倍して加えたもの，すなわち $\alpha u + \beta v$ (α, β は定数) がまた解となるなら，その微分方程式は線形であるといい，そうでないなら非線形という．たとえば，方程式 (1) は非線形である．この例で分かるように，時間 $t = 0$ から非線形発展方程式を解こうとしても，すべての $t > 0$ に対して解が存在するとは限らない．このような現象は解の爆発とよばれ，現代の微分方程式研究における最も重要な研究テーマの 1 つとなっている．

次に偏微分方程式である非線形発展方程式を考えよう．偏微分方程式を記述するためには偏微分が必要なので，偏微分の定義を説明しておく．n 変数関数 $f(x_1, x_2, \cdots, x_n)$ に対し，x_1 以外の変数を止めて x_1 変数のみの関数と考え，f を x_1 について微分したものを，f の x_1 変数に関する偏微分といい $\partial f/\partial x_1$ あるいは f_{x_1} と書く．他の変数 x_j ($j = 2, 3, \cdots, n$) に関する偏微分も同様に定義される．偏微分の難しい性質は何も使わないので，偏微分についての解説は付録に回すこととし，話を先に進めることにしよう．多変数関数の偏微分を含む微分方程式を偏微分方程式といい，1 つの変数の微分しか現れない微分方程式は常微分方程式とよばれる．偏微分方程式の場合，特別な場合を除いて求積法で解を求めることはできないし，解が初等関数で書けることもきわめて希である．そこで，解を積分によって求めるのではなく，理論的に解の性質を調べるということが重要となる．非線形偏微分方程式の例として，次の非線形シュレディンガー方程式を考えることにしよう．

$$i\frac{\partial u}{\partial t} + \frac{\partial^2 u}{\partial x^2} = -|u|^4 u, \quad t > 0, \quad -\infty < x < +\infty, \tag{3}$$

$$u(x, 0) = u_0(x), \qquad -\infty < x < +\infty. \tag{4}$$

ただし，$i = \sqrt{-1}$ (虚数単位) であり，解 u は x と t を変数として持つ複素数

値関数である．非線形シュレディンガー方程式 (3) は物理学や工学の様々な分野で数理モデル方程式として現れ，多くの場合，相互作用をするたくさんの粒子からなる，多体粒子系の時間発展を記述すると考えられている．非線形シュレディンガー方程式は，より現実的であるが複雑な数理モデル方程式系を近似することによって導出される．したがって，現実の物理現象がこの方程式によって記述できるかという問題とともに，この方程式の物理モデルとしての限界はどこにあるかという問題も重要となる．

ここで，変数 x の関数 $v(x)$ に対し，エネルギー $E(v)$ を

$$E(v) = \int_{-\infty}^{\infty} \left\{ \frac{1}{2} \left| \frac{\partial v}{\partial x}(x) \right|^2 - \frac{1}{6} |v(x)|^6 \right\} dx \tag{5}$$

と定める．ただし，ここで無限区間上の積分は，次の極限によって定めるものとする．

$$\int_{-\infty}^{\infty} f(x) \, dx = \lim_{r, R \to \infty} \int_{-r}^{R} f(x) \, dx.$$

このように，有限区間の極限として定まる無限区間の積分を，広義積分または無限積分という．ここでは，広義積分の難しい性質は使わないので，広義積分の解説は付録に回すことにしよう．エネルギーの定義式 (5) において，右辺第 1 項は粒子系の運動エネルギーを表し，右辺第 2 項はポテンシャルエネルギーを表す．通常粒子間の相互作用は重力やクーロン力のようなポテンシャル力によって行われ，個々の粒子のエネルギーは粒子の運動に対応した運動エネルギーと粒子間相互作用によるポテンシャルエネルギーの和となる．式 (5) は，考えている多体粒子系の全エネルギーを表している．重力やクーロン力は線形の相互作用を表すのに対し，式 (5) のポテンシャルエネルギーは粒子間の非線形相互作用 (すなわち，式 (3) の右辺の非線形項) に起因する．

近似的に線形と見なせる物理現象がある一方で，非線形性を無視できない場合も多い．また，

$$\|v\| = \left(\int_{-\infty}^{\infty} |v(x)|^2 \, dx \right)^{1/2} \tag{6}$$

と定めると，右辺は多体粒子系の全質量あるいは全電荷を表す量である．非線

形シュレディンガー方程式の初期値問題 (3)-(4) の解 $u(x,t)$ は，x と t について何回でも偏微分可能かつ u とその導関数はすべて 2 変数関数として連続であり，それらは $x \to \pm\infty$ のとき "十分速く" 0 に収束するものとする．この条件は，空間無限遠ではほとんど粒子は分布していないということを意味しており，物理的に自然な設定である．以下では，複素数 z に対し，Rez と Imz はそれぞれ z の実部と虚部を表わし，$\bar{z}$ は z の複素共役を表わすものとする．このとき，Re $\int_0^t \int_{-\infty}^\infty$ (3) $\times \bar{u}(x,s)\,dxds$ を計算すると，次のような時間に依存しない等式

$$\|u(t)\|^2 = \|u_0\|^2, \qquad t > 0 \tag{7}$$

を得る．この関係式は，質量保存則あるいは電荷保存則とよばれる．また，Im $\int_0^t \int_{-\infty}^\infty$ (3) $\times \partial\bar{u}/\partial s\,dxds$ を計算すると，

$$E(u(t)) = E(u_0), \qquad t > 0 \tag{8}$$

を得る．この関係式は，エネルギー保存則あるいはエネルギー等式とよばれる．

いま，非線形シュレディンガー方程式の初期値問題 (3)-(4) の解 $u(x,t)$ がすべての $t > 0$ で存在するかどうか，という問題を考えることにしよう．じつは，初期エネルギーが負，すなわち $E(u_0) < 0$ のとき，解は有限時間で爆発することが知られている．これを直接的に証明することは困難であるため，通常背理法が使われる．仮に解 u はすべての $t > 0$ に対し存在したとしよう．このとき，部分積分と等式 Im$z = -$Im$\bar{z}$ および方程式 (3) より

$$\begin{aligned}
\frac{d}{dt}&\text{Im} \int_{-\infty}^\infty x \frac{\partial u}{\partial x}(x,t)\bar{u}(x,t)\,dx \\
&= \text{Im} \int_{-\infty}^\infty x \frac{\partial^2 u}{\partial x \partial t}\bar{u}\,dx + \text{Im} \int_{-\infty}^\infty x \frac{\partial u}{\partial x} \frac{\partial \bar{u}}{\partial t}\,dx \\
&= -\text{Im} \int_{-\infty}^\infty \frac{\partial u}{\partial t}\bar{u}\,dx - 2\text{Im} \int_{-\infty}^\infty x \frac{\partial u}{\partial t} \frac{\partial \bar{u}}{\partial x}\,dx \\
&= \text{Im} \int_{-\infty}^\infty i\left(\frac{\partial^2 u}{\partial x^2} + |u|^4 u\right)\bar{u}\,dx
\end{aligned}$$

$$+ 2\mathrm{Im} \int_{-\infty}^{\infty} ix\left(\frac{\partial^2 u}{\partial x^2} + |u|^4 u\right)\frac{\partial \bar{u}}{\partial x}\,dx. \tag{9}$$

ここで，複素数 z に対して $\mathrm{Im}(iz) = \mathrm{Re}\,z$ と $\mathrm{Re}\,z = \mathrm{Re}\,\bar{z}$ に注意すると，再び部分積分を実行することにより，

$$\mathrm{Im}\int_{-\infty}^{\infty} i\frac{\partial^2 u}{\partial x^2}\bar{u}\,dx = -\left\|\frac{\partial u}{\partial x}\right\|^2, \tag{10}$$

$$\mathrm{Im}\int_{-\infty}^{\infty} i|u|^4 u\frac{\partial \bar{u}}{\partial x}\,dx = \int_{-\infty}^{\infty} |u|^6\,dx, \tag{11}$$

$$\mathrm{Im}\int_{-\infty}^{\infty} ix\frac{\partial^2 u}{\partial x^2}\frac{\partial \bar{u}}{\partial x}\,dx = -\frac{1}{2}\left\|\frac{\partial u}{\partial x}\right\|^2, \tag{12}$$

$$\mathrm{Im}\int_{-\infty}^{\infty} ix|u|^4 u\frac{\partial \bar{u}}{\partial x}\,dx = -\frac{1}{6}\int_{-\infty}^{\infty} |u|^6\,dx. \tag{13}$$

これらの式を (9) に代入し整理すると，エネルギー等式 (8) から次の等式を得る．

$$\frac{d}{dt}\mathrm{Im}\int_{-\infty}^{\infty} x\frac{\partial u}{\partial x}(x,t)\bar{u}(x,t)\,dx = -4E(u(t)) = -4E(u_0), \quad t > 0. \tag{14}$$

他方，方程式 (3) と部分積分および等式 $\mathrm{Re}(iz) = -\mathrm{Im}\,z$ により

$$\frac{d}{dt}\int_{-\infty}^{\infty} x^2|u(x,t)|^2\,dx$$
$$= 2\int_{-\infty}^{\infty} x^2\mathrm{Re}\left(\frac{\partial u}{\partial t}\bar{u}\right)\,dx$$
$$= 2\mathrm{Re}\int_{-\infty}^{\infty} ix^2\left(\frac{\partial^2 u}{\partial x^2} + |u|^4 u\right)\bar{u}\,dx$$
$$= -4\mathrm{Im}\int_{-\infty}^{\infty} x\frac{\partial u}{\partial x}\bar{u}\,dx. \tag{15}$$

2 つの式 (15) と (14) をあわせると，

$$\frac{d}{dt}\int_{-\infty}^{\infty} x^2|u(x,t)|^2\,dx$$
$$= -\left(\mathrm{Im}\int_{-\infty}^{\infty} x\frac{\partial u_0}{\partial x}(x)\overline{u_0}(x)\,dx\right) + 16tE(u_0), \quad t > 0 \tag{16}$$

を得る．

この等式 (16) を時間変数 t で積分すると，すべての $t > 0$ に対し次の等式が成り立たなければならないことが結論される．

$$\int_{-\infty}^{\infty} x^2 |u(x,t)|^2 \, dx = \int_{-\infty}^{\infty} x^2 |u_0(x)|^2 \, dx$$
$$- \left(\mathrm{Im} \int_{-\infty}^{\infty} x \frac{\partial u_0}{\partial x}(x) \overline{u_0}(x) \, dx \right) t + 8 E(u_0) t^2. \tag{17}$$

等式 (17) の左辺は非負関数の積分なので，負にはなりえない．しかし，右辺は変数 t に関する 2 次式であり，かつ $E(u_0) < 0$ であるから，右辺の 2 次方程式は必ず正の根と負の根を持ち，正の根を t_0 とすると，

$$t_0 = \frac{1}{16 E(u_0)} \left[\left(\mathrm{Im} \int_{-\infty}^{\infty} x \frac{\partial u_0}{\partial x}(x) \overline{u_0}(x) \, dx \right) \right. \tag{18}$$
$$\left. - \left\{ -32 E(u_0) \int_{-\infty}^{\infty} x^2 |u_0(x)|^2 \, dx + \left(\mathrm{Im} \int_{-\infty}^{\infty} x \frac{\partial u_0}{\partial x}(x) \overline{u_0}(x) \, dx \right)^2 \right\}^{1/2} \right]$$

によって与えられる．したがって，$t > t_0$ となる時間 t に対しては，式 (17) の右辺は負となるので，左辺も負とならなければならない．これは矛盾である．

こうして，解 u はすべての $t > 0$ に対しては存在できないことが結論されたが，それでは u が解でなくなる瞬間に何が起こっているのであろうか．たとえば，上の背理法による証明をもう一度見直してみると，時間 t_0 を越えて解が存在すると矛盾が起こるので，解でなくなる時間は t_0 以下であることが分かる．それでは，時間 t_0 までは解が存在するかというと，上の議論だけではそのことは判断できない．なぜなら，時間 t_0 より早い時間に，解が微分可能でなくなり，上で述べた計算が意味を持たなくなっているかもしれないからである．また，上の議論だけでは解でなくなる瞬間に，u がどのような挙動をするのかも分からない．じつは，u が解でなくなる時間を T とすると，

$$\lim_{t \to T} \left\| \frac{\partial u}{\partial x}(\cdot, t) \right\| = \infty$$

であることが知られている．したがって，いまの場合は解でなくなる瞬間に，考えている粒子系の運動エネルギーが発散するのである（これを証明するためには，解の局所存在定理を証明する必要がある）．このように，背理法による証

明は，ある1つの事柄のみに焦点を絞って証明する際には強力であるが，それに関連したあるいはその周辺の情報を得づらいという欠点がある．ある意味で**背理法とは，余分な情報を得ることをあきらめて，ピンポイントで証明する論法**であると言えるかもしれない．

ところで，このような解の爆発は現実の物理現象において，何を意味することになるのであろうか．その質問には2つの答えが考えられる．最初の答えは，レーザー物理やプラズマ物理で起こる，エネルギーの集中現象に対応しているということである．このような高エネルギーを伴う現象は，数学的には偏微分方程式の解の特異性として記述されることが多い．もう1つの答えは，非線形シュレディンガー方程式はある物理的に限定された条件のもとで成立する近似方程式であるから，解の爆発現象は非線形シュレディンガー方程式が数理モデル方程式として意味を持たなくなる限界を示しているということである．いずれにせよ，解の爆発のように特異性が現れる現象は，コンピュータの数値シミュレーションも困難である場合が多く，数学的に解明されることが望まれるきわめて重要な問題である．

§2　統計的仮説検定に現れる背理法

数学の世界では，ある命題 P を考えるとき，命題 P が成立するかその否定 $\neg P$ が成立するか，いずれか一方だけが起こりうる．これを排中律という．あるいは，真を1とし偽を0と表すとき，1(真)か0(偽)かの二値だけとる論理を，二値論理とよぶこともある．しかし，自然現象や社会現象においては，この排中律や二値論理がいつも成り立つとは限らない．たとえば，物理実験や化学実験では誤差がつきものであり，完全に理論通りの実験値が得られるとは限らない．したがって，実験値が理論値から少しずれていたからと言って，理論的に予想される現象が起こっていないことにはならない．このことから，1(真)と0(偽)の間の値も考える多値論理が有効なことも多い．その場合二者択一ではなく，ある現象が確率何パーセントで起こっている，という言い方が適切なこともある．確率論では，確率を測ることができる現象を事象とい

う．観測できる量がある値を取る確率は，確率変数とよばれる事象を記述する量 X とそれに対応した確率密度関数 $f(x)$ で計算することができる．たとえば，明日 24 時間のうちに降る雨量の総計を X とすると，X が 4 ミリ以上 20 ミリ以下である現象は事象であり，その事象は数学的に $4 \leq X \leq 20$ と表現され，それが起こる確率は

$$\int_4^{20} f(x)\,dx$$

によって与えられる．また，確率変数 X が取る値の平均 (期待値ともいう) は

$$\int_{-\infty}^{\infty} xf(x)\,dx$$

で与えられる．このとき，確率変数 X は確率密度関数 $f(x)$ を持つ確率分布に従うという．ただし，確率密度関数 f は次の性質を持つ．

$$f(x) \geq 0 \quad (-\infty < x < \infty), \tag{19}$$

$$\int_{-\infty}^{\infty} f(x)\,dx = 1. \tag{20}$$

最初の性質 (19) は確率が常に非負であることを意味し，2 番目の性質 (20) はすべての事象のうちいずれかが起こる確率は 1 であることを意味している．どれも確率の性質としては，当然満たされるべきものであろう．さらに，確率変数 X が翌日の降水量を表すなら，$x < 0$ のとき $f(x) = 0$ とするのが自然である．じつは，確率変数 X とは抽象的確率空間上の関数であるが，これ以上詳しいことはここでは立ち入らない．ただ 1 つ，確率変数とは抽象的確率空間を表に出さないで確率論を展開するための道具である，ということだけ述べるにとどめておく (もっと詳しく学びたい読者は，本稿終わりにあげた文献 [3], [4] を参照するとよい)．ある事象が起こっているか起こっていないかを推定するとき，統計的仮説検定という手法が適用され，その中では背理法が用いられているのである．以下では具体例で，この統計的仮説検定の手順を解説しよう．どのように背理法が絡んでくるのか，注意深く読んで欲しい．

ある地域は，年間を通してほぼ同じ気候であまり雨が降らず，30 年前から 6

年前までの 25 年間は気象観測がおこなわれたが，5 年前より定期的な気象観測は行われていない．30 年前から 6 年前までの過去 25 年間の気象観測データにより，一度雨が降ってから次に雨が降るまでの時間間隔 (以後これを，降雨間隔とよぶ) を X 日 とすると，X は次の確率密度関数を持つ確率分布に従うということが分かっていた．

$$f(x) = \begin{cases} \dfrac{1}{\lambda}e^{-x/\lambda}, & x \geq 0, \\ 0, & x < 0. \end{cases} \tag{21}$$

ただし，$\lambda = 10$ 日 とする．この確率分布を，平均 λ の指数分布という (関数 f の概形は，次のページの図 1 を参照)．実際，平均を計算してみると．

$$\begin{aligned} \int_{-\infty}^{\infty} xf(x)\,dx &= \int_0^{\infty} \frac{1}{\lambda}xe^{-x/\lambda}\,dx \\ &= \lim_{R\to\infty}\left[-xe^{-x/\lambda}\right]_0^R + \int_0^{\infty} e^{-x/\lambda}\,dx \\ &= \lim_{R\to\infty}\left[-\lambda e^{-x/\lambda}\right]_0^R = \lambda. \end{aligned}$$

しかし住民から，この数年降雨間隔が長くなったのではないかという意見が出た．昨年，一昨年と無作為に時期を選んで約 20 日間の気象観測が 6 回行われていたので，その気象観測にもとづき，降雨間隔の平均を計算したところ 17 日であった．このことから，降雨間隔が長くなったという住民の主張が正しいと結論づけてよいであろうか．直近の過去 2 年間に行われた気象観測から，平均が 17 日と 7 日延びたのだから長くなったというのは正しいように思える．一方，過去 2 年間でたった 6 回の観測なのだから，たまたま平均が 7 日延びただけかもしれない，という考え方もできるであろう．このようなときに役に立つのが，統計的仮説検定である．降雨間隔平均が変化したとしても，やはり降雨間隔 X は指数分布に従うものとする．このとき，最近 2 年間 6 回の観測データの平均が 17 日だからといって，その指数分布の平均が長くなったと判断してよいかどうか考えよう．

そのために，次の仮説を立てる．

(H$_0$)　　降雨間隔の平均は 10 日である．

もし降雨間隔平均が 10 日を越えるように変化したのなら，この仮説 (H_0) は否定されなければならないので，帰無仮説とよばれる．6 回の観測データは，それぞれ独立で同じ (つまり，平均 10 の) 指数分布に従う 6 つの確率変数 $X_1, X_2, \cdots, X_6$ の標本値 (言い換えると，実現値) であると考えられる．このとき，

$$Z = \frac{X_1 + X_2 + \cdots + X_6}{6}$$

とおくと，確率変数 Z は次の確率密度関数を持つ確率分布に従うことが知られている．

$$g(z) = \begin{cases} \dfrac{1}{5!}\left(\dfrac{6}{\lambda}\right)^6 z^5 e^{-\frac{6z}{\lambda}}, & z \geq 0, \\ 0, & z < 0. \end{cases} \tag{22}$$

ここで，$\lambda = 10$ のときの確率密度関数 (21) と (22) のグラフは次のようになる (破線が (21) を表し，連続な曲線が (22) を表す)．

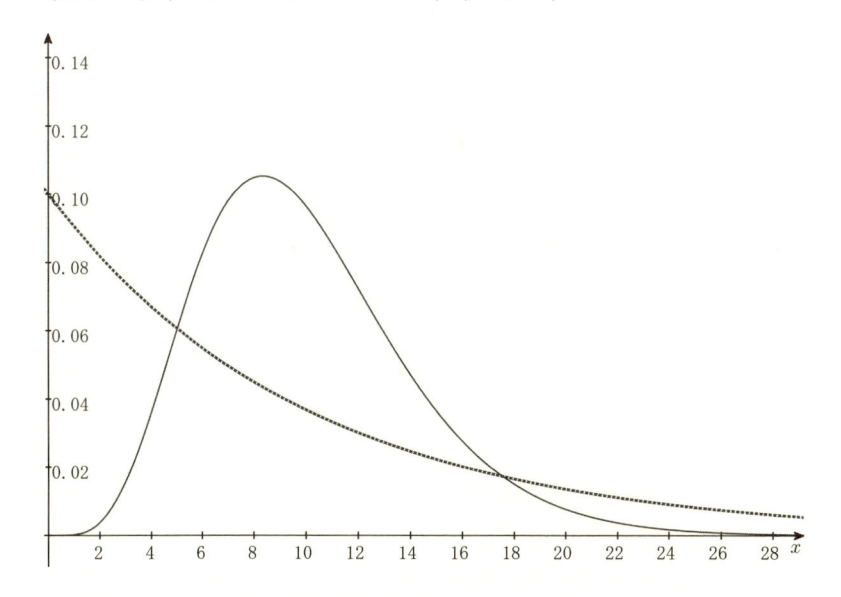

図 1

一般に，n 個の互いに独立で同じ確率分布に従う確率変数 $X_1, X_2, \cdots, X_n$ に対し，

$$Z = \frac{X_1 + X_2 + \cdots + X_n}{n}$$

によって定まる確率変数 Z は，確率変数 $X_1, X_2, \cdots, X_n$ の標本平均といわれる．通常，確率変数 $X_1, X_2, \cdots, X_n$ はそれぞれ n 回観測を行ったときの個々の観測データを表す量であり，Z はそれらの算術平均を表す量である．確率変数 $X_1, X_2, \cdots, X_n$ が互いに独立であるとは，大雑把にいって，$X_1, X_2, \cdots, X_n$ が互いに影響を与えないことである．あるいは，それぞれの観測によって，お互いが影響を受けあうことはないと言ってもよいだろう．たとえば，X_1 の値が 1 回目の観測データを表すとき，その値がどうであれ，2 回目以降の観測データである X_k $(2 \leq k \leq n)$ の値には影響がない．特に，確率変数 $X_1, X_2, \cdots, X_n$ が互いに独立で平均 λ の指数分布に従うなら，確率変数 Z は次の確率密度関数を持つ確率分布に従う．

$$g(z) = \begin{cases} \dfrac{1}{(n-1)!}\left(\dfrac{n}{\lambda}\right)^n z^{n-1} e^{-\frac{nz}{\lambda}}, & z \geq 0, \\ 0, & z < 0. \end{cases} \tag{23}$$

この関係式 (23) を証明するためには，ルベーグ式積分論 (正確には，測度論とフーリエ解析) の知識が必要なため，証明は省略し認めることにする．もちろん，式 (22) は式 (23) で $n = 6$ とおいたものである．

確率変数 Z が確率密度関数 (22) の分布に従うとき，$\gamma = \dfrac{6 \times 17}{10} = 10.2$ とおき部分積分を 5 回繰り返すと，$Z \geq 17$ となる確率は

$$\int_{17}^{\infty} g(z)\, dz = \left(\frac{\gamma^5}{5!} + \frac{\gamma^4}{4!} + \cdots + \frac{\gamma}{1!} + 1\right) e^{-\gamma}$$

によって与えられる．$\gamma = 10.2$ をこの等式右辺に代入すると，

$$\int_{17}^{\infty} g(z)\, dz \approx 0.033$$

を得る (この数値は手元にある関数電卓で計算した)．これより，降雨間隔が平

均 10 日の指数分布に従う確率変数であるとき，6 回の観測データから計算した降雨間隔平均が 17 日以上となる事象が起こる確率は 3.3% であると推定される．このように，帰無仮説 (H_0) のもとで，観測データの結果が起こりうる確率は有意確率とよばれる．統計的仮説検定とは，帰無仮説 (H_0) を棄却するための有意確率の水準をあらかじめ決めておき，有意確率がその水準以下であるときに，帰無仮説を棄却する検定法である．通常，有意水準としては，5% または 1% を設定することが多い．いまの場合は 3.3% で 5% 以下であるから，仮説 (H_0) を棄却することができ，有意水準 5% で (H_0) は棄却されるという (あるいは，有意水準 5% で，仮説 (H_0) は有意であるという言い方もされる)．ここで注意して欲しいのは，有意確率とは帰無仮説 (H_0) が成立する確率ではなく，観測された結果が帰無仮説 (H_0) のもとで起こりうる確率である．この場合，数学的には次の 2 つの結論 (1) と (2) のうち，いずれか一方が成り立っていると考えられる．

(1) 仮説 (H_0) は正しくない．すなわち，その否定命題である次の命題 (H_1) が成立している (この命題を対立仮説という)．

(H_1) 降雨間隔平均は 10 日ではない．

(2) 仮説 (H_0) は正しいが，このときはたまたま希にしか起こらない (すなわち，起こる確率 5% 以下の)「6 回の観測データから計算した降雨間隔平均が 17 日となる」という事象が起こった．

統計的仮説検定では，(2) は希にしか起こらないので成立していないと推定し，(1) の結論を採用するのである．つまり，確率的に (2) はほとんど起こり得ないので帰無仮説 (H_0) は棄却され，その否定命題である対立仮説が成立していると推定するのである．これはまさに背理法の論理である．通常の背理法との相違は，帰無仮説から導かれる帰結が矛盾ではなく，実際に観測された結果が起こる確率は非常に小さいということなのである．

ところで，対立仮説 (H_1) が成立したとしても，降雨間隔平均が 10 日より短い可能性もあるのではないかと疑問に思う読者もいるであろう．論理的には

そのとおりである．しかし，λ を 10 より小さな正数とし，帰無仮説を「降雨間隔平均は λ 日」として上と同じ議論を繰り返すと有意確率はやはり 5%未満となることが示される．したがって，結果的には，降雨間隔平均が延びたと推定できる．また，これまでの議論から結論できるのは降雨間隔平均が 10 日より長いというだけで，どのくらい長くなったのか分からないし，もちろん観測データから計算した降雨間隔平均 17 日と一致しているかどうかも分からない．このあたりが，背理法による証明を分かりづらくしている一因かもしれない．

それでは有意確率が 5%を越えた場合は，何が分かるのであろうか．じつは，何も分からないのである．つまり，(H_0) が成り立つとも成り立たないとも言えないのである．ここは勘違いしやすいところであるが，帰無仮説 (H_0) のもとで観測結果が起こる確率が有意水準 5%を越えたとき，帰無仮説を棄却することはできないし，だからと言ってその帰無仮説 (H_0) が正しいということも結論できない．科学とは意外とはっきりしないのである．たとえば上の例で，6 回の観測データから計算した降雨間隔平均が 16 日であったとし，$\gamma = (6 \times 16)/10 = 9.6$ とおいて同じ計算をすると，$Z \geq 16$ となる確率は

$$\int_{16}^{\infty} g(z)\,dz \approx 0.084$$

となる．観測データの降雨間隔平均が 17 日から 16 日に 1 日変化しただけで，有意確率は 8.4%となり有意水準 5%を越えるため，この場合は帰無仮説 (H_0) は棄却できないし，何も分からないのである．ただ現実的な問題として，観測データが帰無仮説のもとで生じる確率 (すなわち，有意確率) がかなり低いので，もっと観測データを増やして，もう一度統計的仮説検定を試みた方がよいということは言えるだろう．

§3 付録

この節では，偏微分と広義積分について簡単に解説する．まず，偏微分の概念から始めよう．x と y の 2 変数関数 $f(x,y)$ に対して，変数 y を止めて (言い換えれば，y を定数だと思って変数 x について関数 f を微分することを，x

について偏微分するという．すなわち，極限

$$\lim_{h \to 0} \frac{f(x+h, y) - f(x, y)}{h}$$

が存在するとき，その極限を点 (x, y) における関数 f の x に関する偏微分係数といい，

$$\frac{\partial f}{\partial x}, \quad f_x$$

などと書く．偏微分係数 $\partial f/\partial x$ を (x, y) の関数として見なしたとき偏導関数という．y についての偏微分も同様に定義される．また，高階の偏微分を考えるとき，たとえば 2 階の偏微分に対しては次のような記法を用いる．

$$\frac{\partial^2 f}{\partial x^2}, \quad \frac{\partial^2 f}{\partial x \partial y}, \quad \frac{\partial^2 f}{\partial y^2}, \quad f_{xx}, \quad f_{xy}, \quad f_{yy}$$

簡単な偏微分の例を計算してみよう．

例 1 2 変数 x と y の関数 $f(x, y)$ を，$f(x, y) = x^2 + xy + y^3$ とする．このとき，関数 f に対し，1 階と 2 階の偏導関数は次のように計算される．

$$\frac{\partial f}{\partial x} = 2x + y, \quad \frac{\partial f}{\partial y} = x + 3y^2,$$

$$\frac{\partial^2 f}{\partial x^2} = 2, \quad \frac{\partial^2 f}{\partial x \partial y} = 1, \quad \frac{\partial^2 f}{\partial y^2} = 6y.$$

次に，広義積分について簡単に解説する．連続関数 f に対し，無限区間上の積分を次の極限によって定め，この極限値を広義積分とよぶ．

$$\int_{-\infty}^{\infty} f(x)\, dx = \lim_{r, R \to \infty} \int_{-r}^{R} f(x)\, dx.$$

また，この極限値が存在するとき，関数 f は無限区間 $(-\infty, \infty)$ 上で広義積分可能であるという．広義積分の例を計算してみよう．

例 2 正の実数 a に対し，1 変数関数 $f(x)$ を $f(x) = (1 + |x|)^{-a}$ とおく．このとき，$r, R > 0$ に対し，

$$\int_{-r}^{R} f(x)\,dx = \int_{-r}^{0} (1-x)^{-a}\,dx + \int_{0}^{R} (1+x)^{-a}\,dx$$
$$= \begin{cases} (1-a)^{-1}\Big[(1+r)^{1-a} + (1+R)^{1-a} - 2\Big], & a \neq 1, \\ \log(1+r) + \log(1+R), & a = 1 \end{cases}$$

と計算される．したがって，

$$\int_{-\infty}^{\infty} f(x)\,dx = \lim_{r,R\to\infty} \int_{-r}^{R} f(x)\,dx = \begin{cases} 2, & a > 1, \\ +\infty, & 1 \geq a > 0 \end{cases}$$

となる．極限が収束しないとき，広義積分は存在しないまたは発散するという．

　最後に，さらに進んだ勉強をしたい読者のために，参考文献を 5 冊あげてこの稿を終わりにする．文献 [1] はやや難しい本であるが，非線形偏微分方程式に興味を持った読者に薦めたい．文献 [2] は，解の大域存在と非存在以外の問題についても解説されている．文献 [3] は，確率論および確率論の応用としての統計の入門書として最適であろう．数学的な厳密性に配慮して書かれた入門書としては，たとえば文献 [4] がある．文献 [5] は世界的名著の邦訳本であるが，確率論の純粋数学的な側面だけでなく応用数学的な側面にも触れた入門書である．特に，本稿で扱った指数分布については，II 巻上 第 1 章に詳しい解説がある．

参考文献

[1] 西原健二，松村昭孝『非線形微分方程式の大域解－圧縮性粘性流の数学解析』(日本評論社，2004)

[2] 儀我美一，儀我美保『非線形偏微分方程式』(共立出版，1999)

[3] 小針晛宏『確率・統計入門』(岩波書店，1973)

[4] 舟木直久『確率論』(朝倉書店，2004)

[5] ウィリアム・フェラー『確率論とその応用』邦訳，I 巻 (上，下)，II 巻 (上，下)，(紀伊國屋書店，1960–1970)

索引

●アルファベット
$p-1$ 法　36

●ア行
裏　2
エネルギー等式　115
エネルギー保存則　115
エラトステネスの篩　36
演繹法　3
オイラーの定理　28

●カ行
角の3等分　53
確率変数　119
確率密度関数　119
可算　85
可算集合　85
可算無限　10
完全数　25
偽　1
基底　63
帰納法　3
帰納法の仮定　6
帰無仮説　121
逆　2
既約な多項式　64
逆理　8

共役写像　72
格子点　16
合成数　26
合同　32
合同式　32
合同類　32
公約数　22
ゴールドバッハの予想　31

●サ行
最大公約数　22
作図可能数　59
三段論法　3
次元　63
試行割算法　36
自然数　22
質量保存則　115
剰余定理　22
剰余類　32
初期値問題　112
真　1
真の約数　25
推測　41
数学的帰納法　4, 89
正17角形の作図　69
整数　21
素因数分解の一意性　44

相互差し引きの操作が止まる　48
素数　25
素数定理　31

●タ行
対角線論法　83
対偶　2
代表元　33
対立仮説　123
互いに素　22
チェビシェフの定理　31
超越数　81
通約可能　47
通約可能性　42
通約不能　47
ディリクレの抽出し論法　14
ディリクレの定理　31
電荷保存則　115
統計的仮説検定　123

●ナ行
2次ふるい法　39
二重否定は肯定　41
2進小数　96
二値論理　118

●ハ行
倍数　22
排中律　41, 118
背理法　7, 44, 63, 64
鳩小屋の原理　14
非線形シュレディンガー方程式　113
非線形発展方程式　113
否定　2
フェルマーの小定理　35

双子素数　31

●マ行
命題　1
メルセンヌ素数　30
モンテ・カルロ法　37

●ヤ行
約数　22
ユークリッドの互除法　23
有理整数　22

●ラ行
ラッセルの逆理　9
リュカ・テスト　39, 40
リンデマンの定理　81
連続体濃度　13

●ワ行
割り切る　22
割り切れる　22

桂 利行
かつら・としゆき

現在　法政大学理工学部教授・東京大学名誉教授.
著書　『代数学 I, II, III』(東大出版会) など.

栗原将人
くりはら・まさと

現在　慶應義塾大学理工学部教授.
著書　『数論 II 岩澤理論と保型形式』(岩波書店)

堤 誉志雄
つつみ・よしお

現在　京都大学大学院理学研究科教授.
著書　『偏微分方程式論—基礎から展開へ』(培風館)

深谷賢治
ふかや・けんじ

現在　京都大学大学院理学研究科教授.
著書　『シンプレクティック幾何学』(岩波書店) など.

数学書房選書 2

背理法
はいりほう

2012年5月10日　第1版第1刷発行

著者	桂 利行・栗原将人・堤 誉志雄・深谷賢治
発行者	横山 伸
発行	有限会社　数学書房

〒101-0051　東京都千代田区神田神保町1-32-2
TEL　03-5281-1777
FAX　03-5281-1778
mathmath@sugakushobo.co.jp
http://www.sugakushobo.co.jp
振替口座　00100-0-372475

印刷 製本	モリモト印刷
組版	永石晶子
装幀	岩崎寿文

ⓒToshiyuki Katsura, Masato Kurihara, Yoshio Tsutsumi, Kenji Fukaya 2012　Printed in Japan
ISBN 978-4-903342-22-1

数学書房選書

桂 利行・栗原将人・堤 誉志雄・深谷賢治　編集

---

1. 力学と微分方程式　山本義隆●著　　*A5判・pp.256*
2. 背理法　桂・栗原・堤・深谷●著　　*A5判・pp.144*
3. 実験・発見・数学体験　小池正夫●著　　*A5判・pp.240*

以下続刊

- 複素数と四元数　橋本義武●著
- 微分方程式入門 ── その解法　大山陽介●著
- フーリエ解析と拡散方程式　栄 伸一郎●著
- 多面体の幾何 ── 微分幾何と離散幾何の双方の視点から　伊藤仁一●著
- コンピューター幾何　阿原一志●著
- p 進数入門 ── もう一つの世界の広がり　都築暢夫●著
- ゼータ関数の値について　金子昌信●著
- ユークリッドの互除法から見えてくる現代代数学　木村俊一●著
- 硬貨投げの数理 ── 確率論と計算機科学の交差点　杉田 洋●著

（企画続行中）